输变电建设项目环境保护通用管理手册

主　编　张子健　刘素伊
副主编　何　慧　胡　笳　韩　锐

中国水利水电出版社
www.waterpub.com.cn
· 北京 ·

图书在版编目（CIP）数据

输变电建设项目环境保护通用管理手册 / 张子健等主编. -- 北京 : 中国水利水电出版社, 2021.12
ISBN 978-7-5226-0056-7

Ⅰ. ①输… Ⅱ. ①张… Ⅲ. ①输电－电力工程－环境保护－中国－手册②变电所－电力工程－环境保护－中国－手册③输电－电力工程－环境管理－中国－手册④变电所－电力工程－环境管理－中国－手册 Ⅳ. ①X322.2-62

中国版本图书馆CIP数据核字(2021)第210312号

书　　名	**输变电建设项目环境保护通用管理手册** SHUBIANDIAN JIANSHE XIANGMU HUANJING BAOHU TONGYONG GUANLI SHOUCE
作　　者	主编　张子健　刘素伊　副主编　何　慧　胡　�　韩　锐
出版发行	中国水利水电出版社 （北京市海淀区玉渊潭南路1号D座　100038） 网址：www.waterpub.com.cn E-mail：sales@waterpub.com.cn 电话：（010）68367658（营销中心）
经　　售	北京科水图书销售中心（零售） 电话：（010）88383994、63202643、68545874 全国各地新华书店和相关出版物销售网点
排　　版	中国水利水电出版社微机排版中心
印　　刷	清淞永业（天津）印刷有限公司
规　　格	145mm×210mm　32开本　6.375印张　171千字
版　　次	2021年12月第1版　2021年12月第1次印刷
印　　数	0001—1000册
定　　价	**58.00**元

编委会

前言

为提升输变电建设项目环境保护管理工作水平，方便管理人员和技术人员快速、准确把握输变电建设项目环境保护和水土保持特点，在保障建设项目主体工程安全建设的前提下，降低环境影响，保护生态环境，促进经济发展与环境保护实现“双赢”，编制本手册。

本手册依据国家和行业法律法规、技术标准，结合国家电网有限公司成熟的环境保护和水土保持管理经验，从输变电建设项目可行性研究、设计、施工及验收的全过程中，凝练形成输变电建设项目11项关键阶段或工作事项的管理流程和技术要点，可用于指导电网、发电、新能源企业开展输变电建设项目环境保护管理工作。

由于编写时间仓促，手册中难免存在不妥之处，恳请各位读者提出宝贵意见，以便不断完善。

编　者

2021年9月

目录

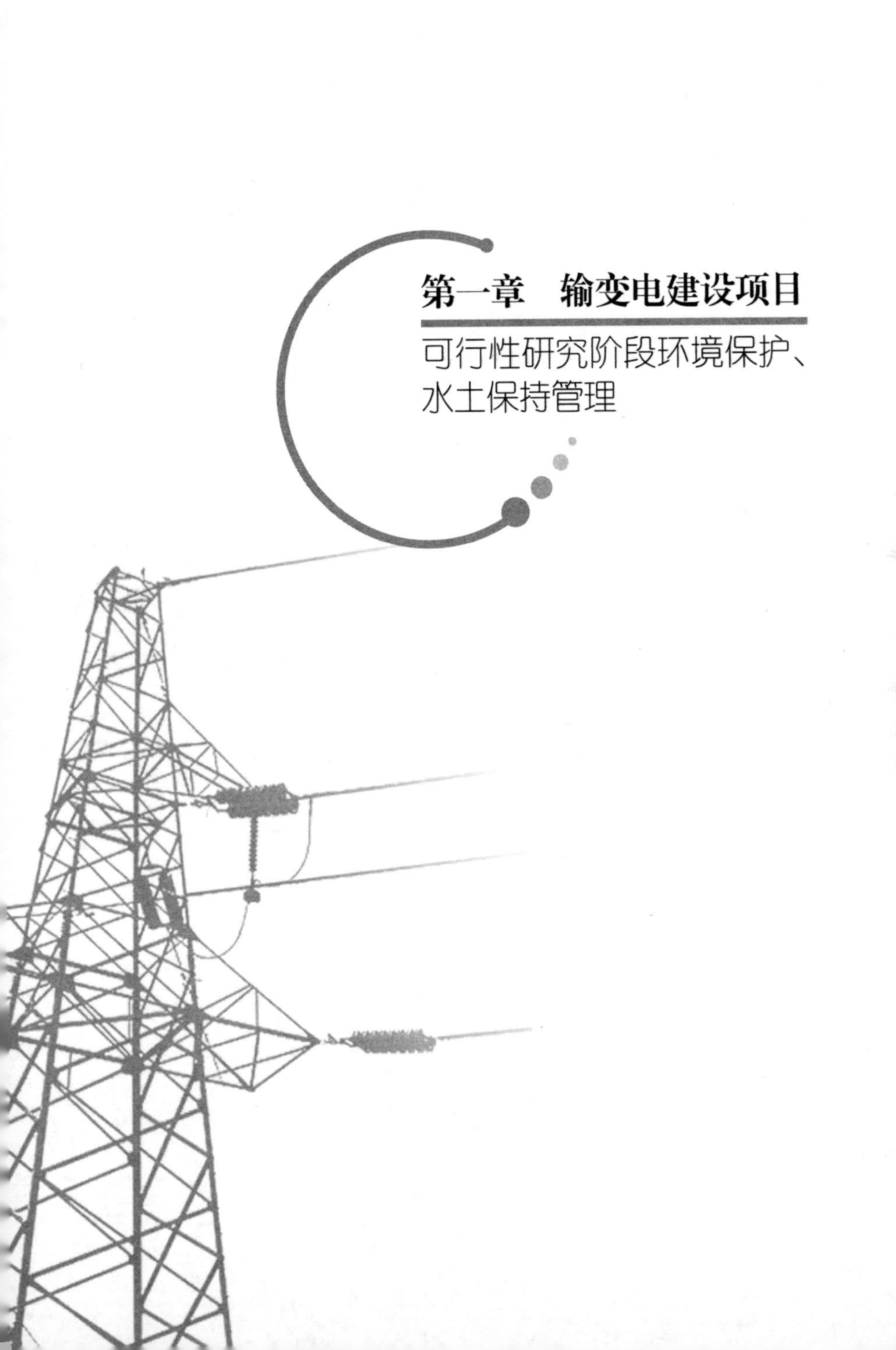

第一章　输变电建设项目可行性研究阶段环境保护、水土保持管理

第一节　管 理 流 程

一、管理依据

（1）《中华人民共和国环境保护法》；

（2）《中华人民共和国水土保持法》；

（3）《国家电网公司环境保护管理办法》（国网（科/2）642—2018）；

（4）《220kV 及 110（66）kV 输变电工程可行性研究内容深度规定》（Q/GDW 10270—2017）；

（5）《330 千伏及以上输变电工程可行性研究内容深度规定》（Q/GDW 10269—2017）；

（6）《国家电网公司电网建设项目环境影响报告书编报工作规范（试行）》（国家电网科〔2017〕590 号）；

（7）《国家电网公司电网建设项目水土保持方案报告书编报工作规范（试行）》（国家电网科〔2019〕92 号）。

二、工作流程

输变电建设项目可行性研究（以下简称“可研”）阶段环境保护（以下简称“环保”）、水土保持（以下简称“水保”）管理工作与项目可研评审同步进行。由各建设管理单位组织环保技术支撑单位依据环保、水保技术监督要点进行可研设计文件审查，核实环保、水保措施落实情况及可研设计文件是否满足可研设计深度规定要求，查看环境影响报告书（表）（以下简称“环评报告”）及水土保持方案报告书（表）（以下简称“水保方案报告”）编制单位对可研报告的复核资料《输变电建设项目可研生态敏感区环评复核意见单》（见

表1－1)、《输变电建设项目可研水保方案复核意见单》(见表1－2)，填写《输变电建设项目可研环保水保审查记录表》(见表1－3)并报送环保管理部门、前期管理部门。

表1－1　输变电建设项目可研生态敏感区环评复核意见单

环评单位填写人：　　　　审核人：　　　　日期：　　　　单位：(盖章)

工程基本信息			
项目名称			
项目内容			
建设（管理）单位			
环评单位		可研单位	

生态敏感区复核意见												
序号	名　称	级别	地点	与工程位置关系	可研是否遗漏	是否进入环保相关法律禁入区域	是否取得协议	协议是否满足环评审批要求	复核结论及建议	可研责任单位[①]	可研单位反馈结果[①]
1	××自然保护区										
2	××风景名胜区										
3	××饮用水水源保护区										
4	××世界文化和自然遗产地										
5	…										

①　由可研单位填写，其他由环评单位填写。

表 1-2 输变电建设项目可研水保方案复核意见单

水保方案编制单位填写人： 审核人： 日期： 单位：（盖章）

工程基本信息			
项目名称			
项目内容			
建设（管理）单位			
水保方案编制单位		可研单位	

水保制约性因素复核意见

序号	项目	复核结论及建议	可研责任单位①	可研单位反馈结果①
1	是否避让水土流失重点预防区和重点治理区，如无法避让是否提高水土流失防治标准			
2	对涉及和影响到饮水安全、防洪安全、水资源安全等的项目是否严格避让			
3	对无法避让的重要基础设施建设、重要民生工程、国防工程等项目，是否提出提高防治标准、严格控制扰动地表和植被损坏范围、建设工程占地、加强工程管理、优化施工工艺的要求			
4	是否处于水土流失严重、生态脆弱地区，如无法避让是否提高水土流失防治标准			
5	是否避开了泥石流易发区、崩塌滑坡危险区以及易引起严重水土流失和生态恶化地区			
6	是否避开了全国水土保持监测网络中的水土保持监测站点、重点试验区，是否占用了国家确定的水土保持长期定位观测站			
7	…			

续表

水保措施复核意见				
防治分区	设计水保防治措施	复核结论及建议	可研责任单位①	可研单位反馈结果①
变电站（换流站）区				
接地极线路区				
输电线路区				
弃渣场区				

① 由可研单位填写，其他由水保方案编制单位填写。

表 1－3　　输变电建设项目可研环保水保审查记录表

填写人签字：　　　　日期：

项目基本信息			
项目名称			
建设（管理）单位		可研单位	
审查单位			

技术监督情况记录		
监督项目	监督要点	是否存在问题
项目可研	1. 110 kV 及以上建设项目环保、水保专章内容，满足可研深度规定。 2. 110 kV 及以上建设项目的环（水）保设（措）施费、环（水）保咨询费等相关费用列入估算。 3. 可行性研究报告应符合国家环境保护的相关法律法规要求。选择的站址、路径尽量避让自然保护区、世界文化和自然遗产地、风景名胜区、饮用水水源保护区、生态保护红线等生态敏感区，如无法避让应取得相应主管部门的协议文件。 4. 可行性研究报告应符合水土保持的相关法律法规要求，项目的选址、选线应当避让水土流失重点预防区和重点治理区	是/否

续表

监督项目	监督要点	是否存在问题
环境影响评价	1. 110kV及以上建设项目启动建设项目环境影响评价工作。 2. 复核建设项目选址（选线）、布局，尽量避让环境敏感区、生态保护红线	是/否
水土保持方案	1. 涉及水土保持的建设项目启动编制水土保持方案工作。 2. 复核建设项目选址（选线）、布局，尽量避让水土流失重点预防区和重点治理区等。 3. 复核取土、弃土（渣）、余土综合利用等水保协议情况	是/否
若存在问题请说明具体情况		

第二节 技 术 要 点

（1）查看110kV及以上输变电建设项目可研报告环保、水保专章内容，是否满足可研深度规定，是否提出环保、水保预防和治理措施。

（2）查看110kV及以上输变电建设项目的可研估算中环（水）保设（措）施费、环（水）保咨询费等相关费用计列情况。

（3）查看可研报告是否符合国家环保、水保的相关法律法规要求。检查建设项目选址、选线是否存在环保制约性因素，是否尽可能避让各类环境敏感区和水土流失重点防治区、重点治理区，必须穿（跨）越自然保护区、世界文化和自然遗产地、风景名胜区、饮用水水源保护区、生态保护红线等环境敏感区的建设项目，是否已依法取得相关管理部门同意的意见。

（4）检查建设单位在可研阶段是否启动建设项目环评和水保方案编制工作。

第二章　输变电建设项目初步设计阶段环境保护、水土保持管理

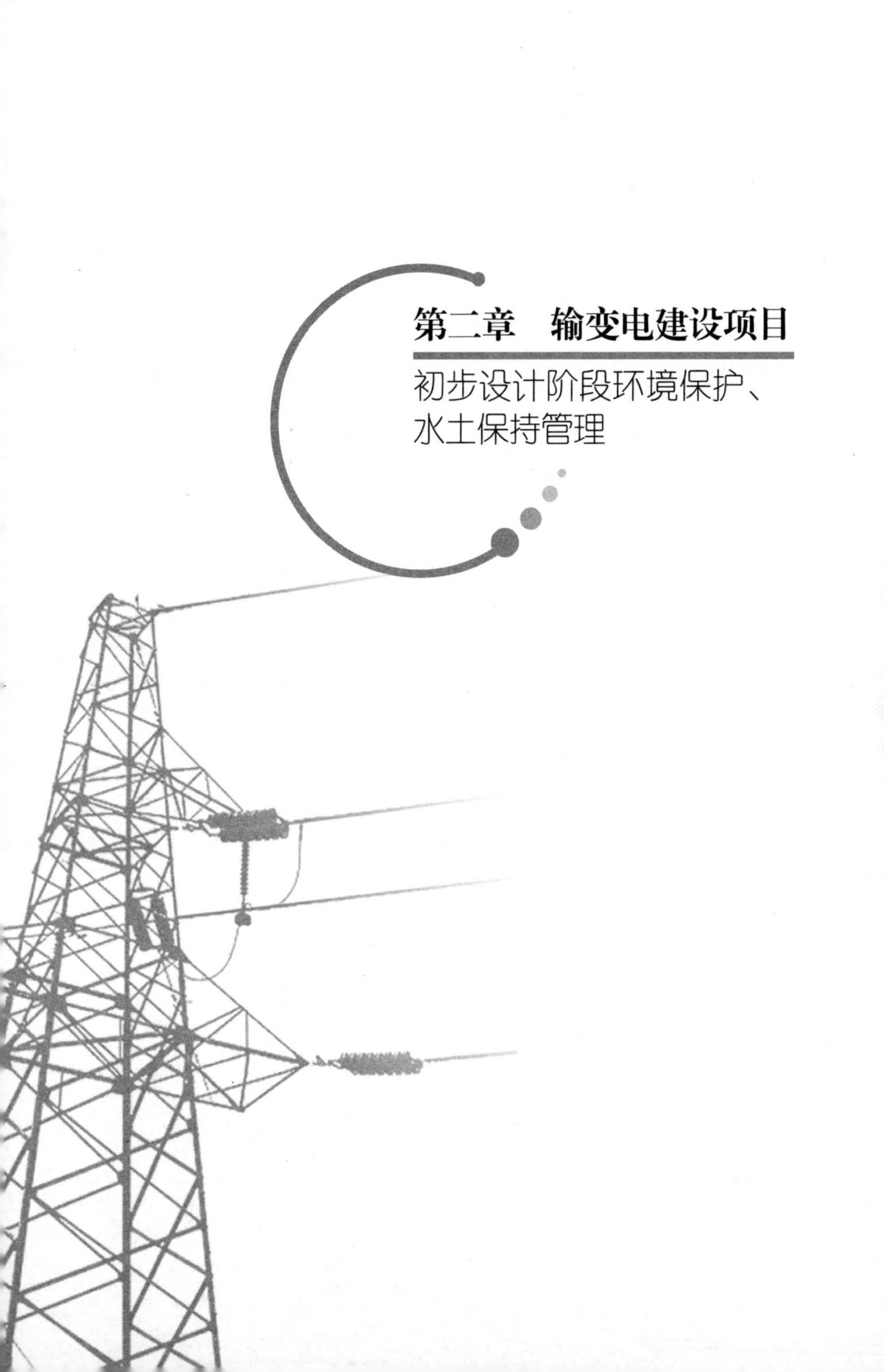

第一节　管 理 流 程

一、管理依据

(1)《中华人民共和国环境保护法》;

(2)《中华人民共和国水土保持法》;

(3)《国家电网公司环境保护管理办法》(国网(科/2)642—2018);

(4)《输变电工程初步设计内容深度规定　第1部分:110(66)kV架空输电线路》(Q/GDW 10166.1—2017);

(5)《国家电网有限公司输变电工程初步设计内容深度规定　第2部分:110(66)kV智能变电站》(Q/GDW 10166.2—2017);

(6)《输变电工程初步设计内容深度规定　第6部分:220kV架空输电线路》(Q/GDW 10166.6—2016);

(7)《输变电工程初步设计内容深度规定　第7部分:330kV～1100kV交直流架空输电线路》(Q/GDW 10166.7—2016);

(8)《国家电网有限公司输变电工程初步设计内容深度规定　第8部分:220kV智能变电站》(Q/GDW 10166.8—2017);

(9)《国家电网有限公司输变电工程初步设计内容深度规定　第9部分:330kV～750kV智能变电站》(Q/GDW 10166.9—2017);

(10)《国家电网公司电网建设项目环境影响报告书编报工作规范(试行)》(国家电网科〔2017〕590号);

(11)《国家电网公司电网建设项目水土保持方案报告书编报工作规范(试行)》(国家电网科〔2019〕92号)。

二、工作流程

1. 初步设计编制阶段环保、水保管理

输变电建设项目建设管理单位组织环评、水保方案编制单位与设计单位配合开展工作：项目环评、水保方案编制与项目初步设计（以下简称“初设”）编制配合进行。初设评审时，建设管理单位组织环保技术支撑单位、环评、水保方案编制单位依据环水保技术要点对初设文件进行审查：核实环水保措施落实情况及初设文件是否满足初设深度规定要求，查看环评、水保方案编制单位对初设报告的复核资料《输变电建设项目初设生态敏感区和环保措施环评复核意见单》（见表2-1）、《输变电建设项目初设水保方案复核意见单》（见表2-2），填写《输变电建设项目初设环保水保审查记录表》（见表2-3）初设部分内容。

环评、水保方案编制完成后，建设管理单位组织环保技术支撑单位对环评、水保方案进行内部审查并形成内审意见，环评、水保方案修改完善后，经环保技术支撑单位复核后进行报批。

2. 初设审查报批阶段环保、水保管理

项目初设文件报批前，由各建设管理单位组织环保技术支撑单位进行二次复核，核实《输变电建设项目初设环保水保审查记录表》中环评和水保方案部分内容。环保技术支撑单位核实完毕后，将《输变电建设项目初设环保水保审查记录表》报送环保管理部门、建设管理部门。

表2-1 输变电建设项目初设生态敏感区和环保措施环评复核意见单

环评单位填写人： 审核人： 日期： 单位：（盖章）

工程基本信息			
项目名称			
项目内容			
建设（管理）单位			
环评单位		初设单位	
生态敏感区复核意见			

续表

序号	名　称	级别	地点	与工程位置关系	初设是否遗漏	是否进入环保相关法律禁入区域	是否取得协议	协议是否满足环评审批要求	复核结论及建议	初设责任单位[①]	初设单位反馈结果[①]
1	××自然保护区										
2	××风景名胜区										
3	××饮用水水源保护区										
4	××世界文化和自然遗产地										
5	…										

环境保护措施复核意见

类别	设计环境保护措施	复核结论及建议	初设责任单位[①]	初设单位反馈结果[①]
电磁环境				
声环境				
生态环境				
水环境				
其他				

①　由初设单位填写，其他由环评单位填写。

表 2－2　　输变电建设项目初设水保方案复核意见单

水保方案编制单位填写人：　　审核人：　　日期：　　单位：(盖章)

工程基本信息			
项目名称			
项目内容			
建设（管理）单位			
水保方案编制单位		初设单位	
水保制约性因素复核意见			

续表

序号	项　　目	复核结论及建议	初设责任单位[①]	初设单位反馈结果[①]
1	是否避让水土流失重点预防区和重点治理区，如无法避让是否提高水土流失防治标准			
2	对涉及和影响到饮水安全、防洪安全、水资源安全等的项目是否严格避让			
3	对无法避让的重要基础设施建设、重要民生工程、国防工程等项目，是否提出提高防治标准、严格控制扰动地表和植被损坏范围、建设工程占地、加强工程管理、优化施工工艺的要求			
4	是否处于水土流失严重、生态脆弱地区，如无法避让是否提高水土流失防治标准			
5	是否避开了泥石流易发区、崩塌滑坡危险区以及易引起严重水土流失和生态恶化地区			
6	是否避开了全国水土保持监测网络中的水土保持监测站点、重点试验区，是否占用了国家确定的水土保持长期定位观测站			
7	…			

水保措施复核意见

防治分区		永久占地面积	临时占地面积	工程措施类型	工程措施工程量	植物措施类型	植物措施工程量	临时措施类型	临时措施工程量	复核结论及建议	初设责任单位[①]	初设单位反馈结果[①]
变电站（换流站）区	站区											
	进站道路区											
	施工生产生活区											
	站外供排水管线区											
	站用电源线区											

续表

防治分区		永久占地面积	临时占地面积	工程措施类型	工程措施工程量	植物措施类型	植物措施工程量	临时措施类型	临时措施工程量	复核结论及建议	初设责任单位①	初设单位反馈结果①
变电站（换流站）区	施工电源线区											
	还建道路											
	还建水渠											
接地极区	汇流装置区											
	进极道路区											
	电极电缆区											
接地极线路区	塔基及施工场地区											
	牵张场地区											
	跨越场地区											
	施工道路区											
输电线路区	塔基及施工场地区											
	牵张场地区											
	跨越场地区											
	施工道路区											
弃渣场												
小计												

① 由初设单位填写，其他由水保方案编制单位填写。

表 2-3　　输变电建设项目初设环保水保审查记录表

填写人签字：　　　　日期：　　　　单位：（盖章）

<table>
<tr><td colspan="4">项目基本信息</td></tr>
<tr><td>项目名称</td><td colspan="3"></td></tr>
<tr><td>建设（管理）单位</td><td></td><td>初设单位</td><td></td></tr>
<tr><td>审查单位</td><td colspan="3"></td></tr>
<tr><td colspan="4">技术监督情况记录</td></tr>
<tr><td>监督项目</td><td colspan="2">监督要点</td><td>是否存在问题</td></tr>
<tr><td>环境影响评价</td><td colspan="2">1. 110kV及以上建设项目环境影响报告书（表）按规范要求编制及组织内审。
2. 编制完成后，报有审批权的生态环境保护部门审批，在开工建设前取得环评批复</td><td>是/否</td></tr>
<tr><td>水土保持方案</td><td colspan="2">1. 涉及水土保持的建设项目按规范要求编制水土保持方案及组织内审。
2. 编制完成后，报有审批权的水行政主管部门审批，在开工建设前取得水保方案批复</td><td>是/否</td></tr>
<tr><td>初步设计</td><td colspan="2">1. 设计文件应依据初设深度规定要求设有环保（水保）专篇或专章。
2. 110kV及以上建设项目的环保、水保投资，竣工环保及水保设施验收、监测相关费用列入工程概算。
3. 根据环评报告，核实初设文件环保措施落实情况。
4. 根据水保方案报告，核实初设文件水保措施落实情况。
5. 查看初步设计（站区上下水平面布置图、电气平面布置图、主变压器、电抗器安装图、事故油池和生活污水处理装置等）、设备选型等是否满足《国家电网有限公司输变电工程初步设计内容深度规定》（Q/GDW 10166）有关环境保护及水土保持专项设计内容及深度</td><td>是/否</td></tr>
<tr><td>若存在问题请说明具体情况</td><td colspan="3"></td></tr>
</table>

第二节　技 术 要 点

一、环保技术要点

（1）查看110kV及以上输变电建设项目环评报告是否按规范要求编制及组织内审。

（2）查看环评报告编制完成后，是否报有审批权的生态环境保护部门审批，在开工建设前取得环评批复。

二、水保技术要点

（1）查看110kV及以上输变电建设项目涉及水保的建设项目是否按规范要求编制水保方案报告及组织内审。

（2）查看水保方案报告编制完成后，是否报有审批权的水行政主管部门审批，在开工建设前取得水保方案批复。

三、初设文件技术要点

（1）设计文件是否依据初设深度规定要求设有环保（水保）专篇或专章，环保、水保专篇或专章是否符合初设内容深度规定要求。检查是否与主体工程同步开展环保和水保初步设计，并按程序与主体工程设计同步审查。检查弃渣场等重要防护对象是否已开展点对点勘察与设计。

（2）110kV及以上建设项目的环保、水保投资，竣工环保及水保设施验收、监测相关费用是否列入工程概算。

（3）根据环评报告，核实初设文件环保措施落实情况。

（4）根据水保方案报告，核实初设文件水保措施落实情况。

（5）查看变电站（换流站、开关站、串补站）初步设计资料，重点检查是否通过优化平面布置或采取降噪措施，确保变电站厂界噪声达标，变电站周围有声环境保护目标的，确保声环境保护目标噪声达标。是否根据站内生活污水产生情况设置生活污水处理装置；生活污水具备纳管条件的，是否经处理后纳入城市管网；不具备纳管条件的，检查生活污水经处理后回收利用、定期清理或外排情况，外排时是否达到相应排放标准要求。是否设置足够容量的事故油池及其配套的拦截、防雨、防渗等设施和措施。变电站站址周围是否设计必要的挡渣墙、截（排）水沟和护坡等水保措施。

（6）查看线路初步设计资料，重点检查线路设计是否尽可能避让各类环境敏感目标（电磁类、噪声类、生态类）以及水土流失重点预防区和重点治理区。线路经过电磁环境敏感目标时是否采取避让或增加导线对地高度等措施，线路进入生态敏感区时是否制定相应的环境保护方案。检查铁塔基础设计是否根据环评报告或水保方案要求选型，降低基础施工的土石方开挖量，减少对生态环境的影响，防止水土流失。

第三章　输变电建设项目环境影响报告书（表）内部审查管理

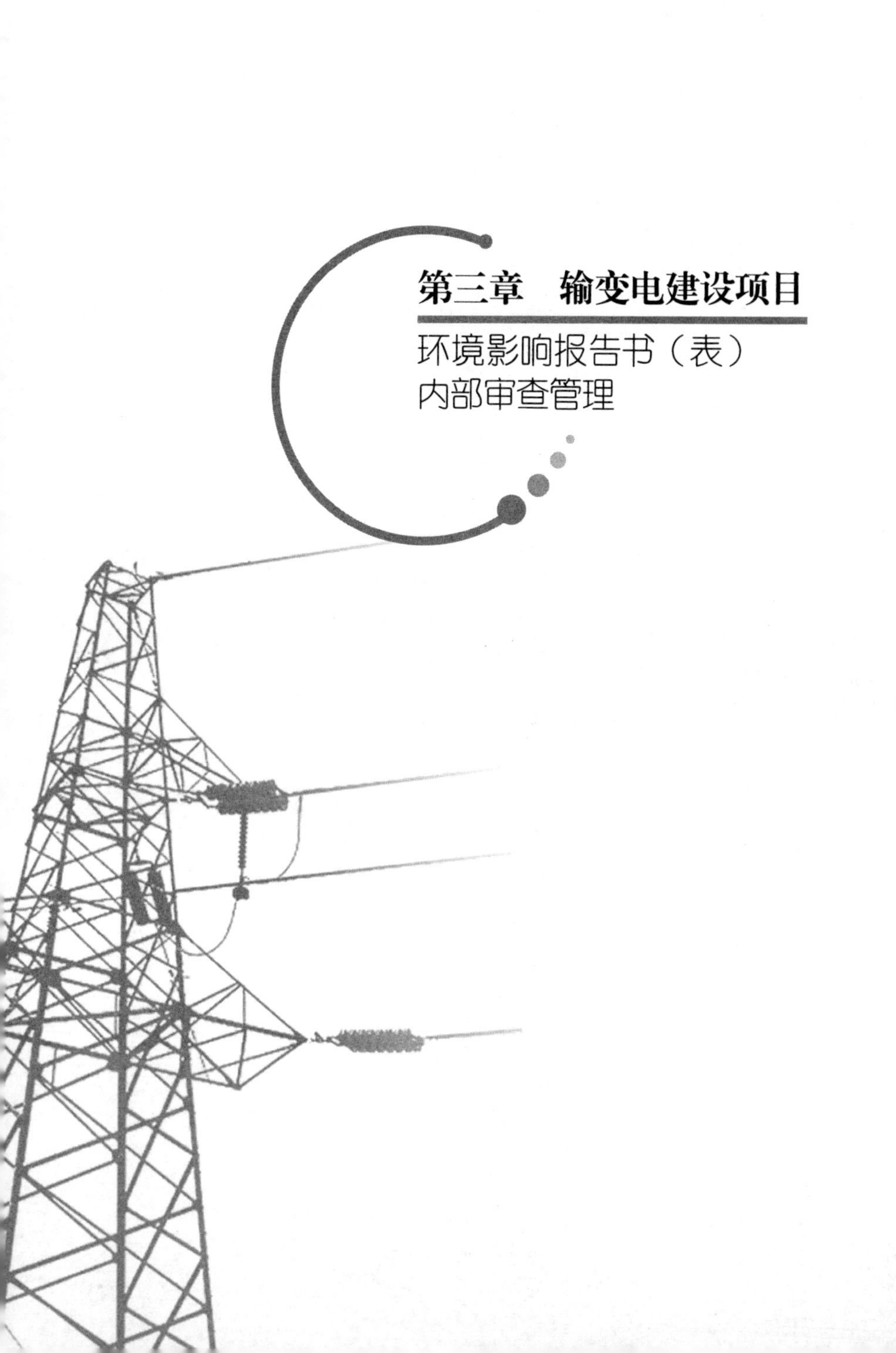

第一节　管 理 流 程

一、管理依据

《国家电网公司电网建设项目环境影响报告书编报工作规范（试行）》（国家电网科〔2017〕590 号）。

二、工作流程

输变电建设项目环评报告内部审查工作由建设单位委托环保技术支撑单位负责开展。

1. 环评报告编制完成后，由建设单位前期管理部门转交环保管理部门。

2. 环保管理部门委托环保技术支撑单位组织开展内部审查工作，环保技术支撑单位在接到环评报告 5 个工作日内完成形式审查，并发出内部审查会通知。

3. 环保技术支撑单位组织召开环评报告内部审查会，参会人员包括公司环保管理部门、前期管理部门、建设管理部门的环保管理人员，建设管理单位、设计单位、环评报告编制单位项目负责人，以及特邀专家（不少于 3 人），会上形成内部审查意见。报告编制单位根据内部审查会修改意见，在 5 个工作日内完成对环评报告的修改并反馈环保技术支撑单位。

4. 环保技术支撑单位依据内部审查会修改意见复核修改后的环评报告，审查无误后，报送至公司环保管理部门和前期管理部门。

5. 环保技术支撑单位在组织召开环评报告内部审查会的同时，组织建设单位和专家填写环境影响评价单位工作质量评价表（见后文表11-1～表11-4），环保技术支撑单位会后汇总后提交环保管理部门和前期管理部门。

环保技术支撑单位关于印发××工程环境影响报告书（表）内部审查意见的通知

各有关单位：

为保证××工程环境影响报告书编制质量，受××委托，××环保技术支撑单位于××年×月×日组织召开了该工程环境影响报告书（表）内部审查会，现形成内部审查意见。

附件：××工程环境影响报告书（表）内部审查意见

附件

××工程环境影响报告书（表）内部审查意见

受××委托，××环保技术支撑单位于××年×月×日组织召开了《××工程环境影响报告书（表）》（以下简称“环评报告”）内部审查会议，参加会议的有××、××、××、××和××的有关专家和代表。与会专家听取了环评报告编制单位的汇报，经审查，形成内部审查意见如下：

一、项目基本情况

××为新建（扩建、技改等）项目，主要建设内容包括××、××、××、××。计划于××年×月开工，××年×月完工。

二、环评报告编制总体情况

环评报告编制……，经修改完善可以送审。

三、环评报告修改时应完善以下内容

1. ……；

2. ……；

3. ……；

4. ……；

5. ……；

……

四、其他

1. ……。

2. 请环评报告编制单位根据会议审查意见修改完善环评报告，5个工作日内提交××环保技术支撑单位复核，复核通过后，报送××。

第二节 技术要点

一、内审依据

（一）环境保护国家法律、法规

(1)《中华人民共和国环境保护法》；

(2)《中华人民共和国环境影响评价法》；

(3)《中华人民共和国环境噪声污染防治法》；

(4)《中华人民共和国固体废物污染环境防治法》；

(5)《中华人民共和国大气污染防治法》；

(6)《中华人民共和国水污染防治法》；

(7)《建设项目环境保护管理条例》；

(8)《中华人民共和国水土保持法》；

(9)《中华人民共和国土地管理法》；

(10)《中华人民共和国基本农田保护条例》；

(11)《中华人民共和国森林法》；

(12)《中华人民共和国城乡规划法》；

(13)《中华人民共和国野生动物保护法》；

(14)《中华人民共和国电力设施保护条例》；

(15)《风景名胜区条例》；

(16)《中华人民共和国自然保护区条例》；

(17)《中华人民共和国野生植物保护条例》；

(18)《中华人民共和国陆生野生动物保护实施条例》；

(19)《中华人民共和国水生野生动物保护实施条例》。

（二）环境保护相关部门规章

(1)《建设项目环境影响评价分类管理名录》（生态环境部令 第16号）；

（2）《环境影响评价公众参与办法》（生态环境部令　第4号）；

（3）《生态环境部建设项目环境影响报告书（表）审批程序规定》（生态环境部令　第14号）。

（三）环境保护相关规范性文件

（1）《关于进一步加强环境影响评价管理防范环境风险的通知》（环发〔2012〕77号）；

（2）《关于切实加强风险防范严格环境影响评价管理的通知》（环发〔2012〕98号）；

（3）《关于进一步加强输变电类建设项目环境保护监管工作的通知》（环办〔2012〕131号）；

（4）《关于印发〈输变电建设项目重大变动清单（试行）〉的通知》（环办辐射〔2016〕84号）；

（5）《关于发布〈建设项目环境影响报告书（表）编制监督管理办法〉配套文件的公告》（生态环境部公告2019年第38号）。

（四）环境保护相关技术标准

（1）《电磁环境控制限值》（GB 8702）；

（2）《声环境质量标准》（GB 3096）；

（3）《工业企业厂界环境噪声排放标准》（GB 12348）；

（4）《建筑施工场界环境噪声排放标准》（GB 12523）；

（5）《污水综合排放标准》（GB 8978）；

（6）《建设项目环境影响评价技术导则　总纲》（HJ 2.1）；

（7）《环境影响评价技术导则　地表水环境》（HJ/T 2.3）；

（8）《环境影响评价技术导则　声环境》（HJ 2.4）；

（9）《环境影响评价技术导则　生态影响》（HJ 19）；

（10）《环境影响评价技术导则　输变电》（HJ 24）；

（11）《建设项目环境风险评价技术导则》（HJ 169）；

（12）《辐射环境保护管理导则　电磁辐射监测仪器和方法》（HJ/T 10.2）；

（13）《交流输变电工程电磁环境监测方法（试行）》（HJ 681）；

（14）《直流输电工程合成电场限值及其监测方法》（GB 39220）；

（15）《输变电建设项目环境保护技术要求》（HJ 1113）。

（五）环境保护管理制度

（1）《国家电网有限公司环境保护管理办法》（国家电网企管〔2019〕429号）；

（2）《国家电网有限公司电网建设项目环境影响评价管理办法》（国家电网科〔2020〕345号）；

（3）《国家电网有限公司电网建设项目环境影响报告书编报工作规范（试行）》（国家电网科〔2017〕590号）。

（六）其他相关文件

（1）《电网建设项目环境影响报告书内审要点》（国家电网科环〔2019〕2号）；

（2）地方生态环境法规及规划资料、输变电建设项目的工程资料、项目规划或规划环境影响评价报告及其审查意见（如有）、可行性研究报告、设计文件、环境影响评价执行标准的批复函、规划部门、生态敏感区主管部门关于选址、选线的意见等。

二、审查要求

（一）与法律法规和标准规划的相符性

审查项目与国家和地方生态环境相关法律法规、部门规章、规范性文件、相关标准及所涉地区相关规划（包括城乡环境保护规划等）要求的相符性。

（二）环境现状调查的客观性、可靠性

根据环境质量标准、环境影响评价技术导则等相关要求，审查环境现状调查的客观性和可靠性。

（三）环境影响预测的科学性、准确性

根据项目特点和所在区域环境特点，结合环境影响评价技术导则等相关要求，审查采用的预测参数、预测模式、预测范围、预测工况及环境条件的科学性和准确性。

（四）环境保护设施、措施的可行性、有效性和可靠性

按照环境质量达标、污染物排放达标、资源综合利用、生态保护的要求和可靠、可达、经济合理的原则，审查项目实施各阶段所采取的环境保护设施、措施的可行性、有效性和可靠性。

（五）环境影响评价文件的规范性

根据《环境影响评价技术导则》等相关要求，审查环境影响评价文件编制的规范性，包括术语、格式、图件、表格等信息。

（六）有下列情况之一的不予通过审查

（1）建设项目类型及其选址选线、布局、规模等不符合环境保护法律法规和相关法定规划、区划，不符合规划环境影响报告书及审查意见，不符合区域生态保护红线、环境质量底线、资源利用上线和生态环境准入清单管控要求。

（2）建设项目拟采取的污染防治措施无法确保污染物排放达到国家和地方排放标准，或者拟采取的生态保护措施无法有效预防和控制生态破坏。

（3）改建、扩建和技术改造项目，未针对项目原有环境污染和生态破坏提出有效防治措施的。

（4）环境影响报告书基础资料数据明显不实，内容存在重大缺陷、遗漏，或者环境影响评价结论不明确、不合理的。

（5）环评单位信用和监测单位资质不符合要求的。

三、关于编制依据

（一）审查内容

环境影响评价文件编制依据的法律法规、部门规章、规范性文件、技术标准和行业规范、生态环境规划资料、建设项目资料等相关文件。

（二）审查要点

编制依据应符合建设项目环境影响评价工作实际，为现行

有效版本且引用准确；应核实建设项目所在地是否有相关地方的环境质量和排放标准；相关文件齐备。

（三）接受准则

依据文件准确、无遗漏，且均为现行有效版本。

四、关于评价因子

（一）审查内容

项目主要环境影响评价因子，包括现状评价因子和预测评价因子。

（二）审查要点

分列现状评价因子和预测评价因子。审查工程施工期和运行期主要环境影响评价因子的完整性和准确性，应满足 HJ 24 的规定要求。

（三）接受准则

（1）分析了施工期噪声、废水、扬尘、弃渣、生态环境等影响因素，提出了主要环境影响为声环境、生态环境、地表水环境影响。其中声环境影响评价因子应包括昼间、夜间等效声级（L_{eq}）；生态环境影响评价因子应包括生态系统及其生物因子、非生物因子；地表水环境影响评价因子应包括 pH 值、COD、BOD_5、NH_3-N、石油类。

（2）分析了运行期电磁、生态、噪声、废水等的产生、排放和控制情况，提出了主要环境影响为电磁环境、声环境和地表水环境影响。其中电磁环境影响评价因子应包括工频电场、工频磁场（交流输变电建设项目）、合成电场（直流输电建设项目）；声环境影响评价因子应包括昼间、夜间等效声级（L_{eq}）；地表水环境影响评价因子应包括 pH 值、COD、BOD_5、NH_3-N、石油类。

（3）换流站外排冷却水如作为农业用途时，对全盐量（mg/L）、水温（℃）等进行了分析。

五、关于评价标准

（一）审查内容

环境质量标准、污染物排放标准和控制限值。

（二）审查要点

（1）环境质量标准应根据项目所在地区要求，执行相应环境要素的国家和地方环境质量标准；根据项目所在区域特点，确定环境要素的控制限值。

（2）污染物排放标准应执行相应的国家和地方标准，并优先执行地方污染物排放标准。

（三）接受准则

（1）根据项目建设所在区域的环境特点和环境质量功能区分类，相应环境要素的国家和地方标准、控制限值选择适当。当项目进入尚未划定环境功能区的区域，需附地方政府生态环境主管部门确认相关环境要适用环境质量标准和相应的污染物排放标准的相关文件。

（2）电磁环境控制限值满足 GB 8702、GB 39220 中的规定：

1）交流输变电建设项目：公众暴露工频电场强度的控制限值为 4kV/m，架空输电线路线下的耕地、园地、牧草地、畜禽养殖地、养殖水面、道路等场所，工频电场强度的控制限值为 10kV/m；公众暴露工频磁感应强度的控制限值为 100μT。

2）直流输电建设项目：换流站、架空输电线路下方的耕地、园地、牧草地、畜禽饲养地、养殖水面、道路等场所的合成电场强度 E_{95} 的限值为 30kV/m；公众暴露合成电场强度 E_{95} 的限值为 25kV/m，且 E_{80} 的限值为 15kV/m。

六、关于评价工作等级

（一）审查内容

环境影响评价中各评价因子评价工作等级的划分依据、评价基本要求、评价重点等内容。

（二）审查要点

1. 电磁环境影响工作等级

（1）电磁环境影响评价工作等级划分为三级，一级评价对电磁环境影响进行全面、详细、深入评价；二级评价对电磁环境影响进行较为详细、深入评价；三级评价可只进行电磁环境影响分析。工作等级的划分见表 3－1。

表 3－1　　输变电建设项目电磁环境影响评价工作等级

分类	电压等级	工程	条　　件	评价工作等级
交流	110kV	变电站	户内式、地下式	三级
			户外式	二级
		输电线路	1. 地下电缆。 2. 边导线地面投影外两侧各 10m 范围内无电磁环境敏感目标的架空线	三级
			边导线地面投影外两侧各 10m 范围内有电磁环境敏感目标的架空线	二级
	220～330kV	变电站	户内式、地下式	三级
			户外式	二级
		输电线路	1. 地下电缆。 2. 边导线地面投影外两侧各 15m 范围内无电磁环境敏感目标的架空线	三级
			边导线地面投影外两侧各 15m 范围内有电磁环境敏感目标的架空线	二级
	500kV 及以上	变电站	户内式、地下式	二级
			户外式	一级
		输电线路	1. 地下电缆。 2. 边导线地面投影外两侧各 20m 范围内无电磁环境敏感目标的架空线	二级
			边导线地面投影外两侧各 20m 范围内有电磁环境敏感目标的架空线	一级

续表

分类	电压等级	工程	条件	评价工作等级
直流	±400kV及以上	—	—	一级
	其他	—	—	二级

（2）开关站、串补站电磁环境影响评价等级根据表3-1中同电压等级的变电站确定；换流站电磁环境影响评价等级以直流侧电压为准，依照表3-1中的直流输电建设项目电压等级确定。

（3）随桥等敷设的电缆，气体绝缘金属封闭输电线路（GIL）电磁环境评价等级根据表3-1中同电压等级的地下电缆确定。

（4）进行电磁环境影响评价工作等级划分时，如项目包含多个电压等级或交、直流，或站、线的子项目时，按最高电压等级确定评价工作等级。

2. 生态影响评价工作等级

（1）生态影响评价工作等级划分为三级。工作等级的划分见表3-2。

表3-2　生态影响评价工作等级划分表

影响区域生态敏感性	工程占地（含水域）范围		
	面积≥20km²或长度≥100km	面积2～20km²或长度50～100km	面积≤2km²或长度≤50km
特殊生态敏感区	一级	一级	一级
重要生态敏感区	一级	二级	三级
一般区域	二级	三级	三级

（2）改扩建项目的工程占地范围以新增占地（含水域）面积计算。

3. 声环境影响评价工作等级

（1）声环境影响评价工作等级分为三级，一级为详细评价，二级为一般性评价，三级为简要评价。

（2）评价范围内有适用于 GB 3096 规定的 0 类声环境功能区域，以及对噪声有特别限制要求的保护区等敏感目标，或建设项目建设前后评价范围内敏感目标噪声级增高量达 5dB（A）以上［不含 5dB（A）］，或受影响人口数量显著增多时，按一级评价。

（3）项目所处的声环境功能区为 GB 3096 规定的 1 类、2 类地区，或建设项目建设前后评价范围内敏感目标噪声级增高量达 3～5dB（A）［含 5dB（A）］，或受噪声影响人口数量增加较多时，按二级评价。

（4）项目所处的声环境功能区为 GB 3096 规定的 3 类、4 类地区，或建设项目建设前后评价范围内敏感目标噪声级增高量在 3dB（A）以下［不含 3dB（A）］，且受影响人口数量变化不大时，按三级评价。

（5）在确定评价工作等级时，如项目符合两个以上级别的划分原则，按较高级别的评价等级评价。

4. 地表水环境影响评价工作等级

根据项目废水排放方式和排放量，按表 3－3 要求确定评价等级。

5. 评价重点

明确评价等级在二级及以上的各要素为评价重点。

（三）接受准则

各环境要素评价工作等级划分符合相关导则要求。

七、关于评价范围

（一）审查内容

环境影响评价中各评价因子的评价范围。

表 3-3 地表水环境影响评价工作等级判定表

评价等级	判定依据	
	排放方式	废水排放量 Q（m^3/d）；水污染物当量数 W（量纲一）
一级	直接排放	$Q \geqslant 20000$ 或 $W \geqslant 600000$
二级	直接排放	其他
三级 A	直接排放	$Q<200$ 或 $W<600$
三级 B	间接排放	—

注 1. 根据 HJ 2.3 规定计算排放污染物的污染物当量数，计算时应区分第一类水污染物和其他类水污染物，统计第一类污染物当量数总和，然后与其他类污染物按照污染物当量数从大到小排序，取最大当量数作为建设项目评价等级确定的依据。

2. 废水排放量按行业排放标准中规定的废水种类统计，没有相关行业排放标准要求的通过工程分析合理确定，应统计含热量大的冷却水的排放量，可不统计间接冷却水、循环水及其他含污染物极少的清净下水的排放量。

3. 项目直接排放第一类污染物的，其评价等级为一级；建设项目直接排放的污染物为受纳水体超标因子的，评价等级不低于二级。

4. 直接排放受纳水体影响范围涉及饮用水水源保护区、饮用水取水口、重点保护与珍稀水生生物的栖息地、重要水生生物的自然产卵场等保护目标时，评价等级不低于二级。

5. 项目向河流、湖库排放温排水引起受纳水体水温变化超过水环境质量标准要求，且评价范围有水温敏感目标时，评价等级为一级。

6. 项目利用海水作为调节温度介质时，排水量≥500 万 m^3/d，评价等级为一级；排水量<500 万 m^3/d，评价等级为二级。

7. 仅涉及清净下水排放的，如其排放水质满足受纳水体水环境质量标准要求的，评价等级为三级 A。

8. 依托现有排放口，且对外环境未新增排放污染物的直接排放建设项目，评价等级参照间接排放，定为三级 B。

9. 项目生产工艺中有废水产生，但作为回水利用，不排放到外环境的，按三级 B 评价。

（二）审查要点

1. 电磁环境影响评价范围

按照表 3-4 要求划定电磁环境影响评价范围。

表 3-4　　输变电建设项目电磁环境影响评价范围

<table>
<tr><th rowspan="3">分类</th><th rowspan="3">电压等级</th><th colspan="3">评价范围</th></tr>
<tr><th rowspan="2">变电站、换流站、开关站、串补站</th><th colspan="2">线　路</th></tr>
<tr><th>架空线路</th><th>地下电缆</th></tr>
<tr><td rowspan="3">交流</td><td>110kV</td><td>站界外 30m</td><td>边导线地面投影外两侧各 30m</td><td rowspan="4">管廊两侧边缘各外延 5m（水平距离）</td></tr>
<tr><td>220～330kV</td><td>站界外 40m</td><td>边导线地面投影外两侧各 40m</td></tr>
<tr><td>500kV 及以上</td><td>站界外 50m</td><td>边导线地面投影外两侧各 50m</td></tr>
<tr><td>直流</td><td>±100kV 及以上</td><td>站界外 50m</td><td>极导线地面投影外两侧各 50m</td></tr>
</table>

2. 生态环境影响评价范围

（1）变电站、换流站、开关站、串补站、接地极生态环境影响评价范围为站场边界或围墙外 500m 内。

（2）进入生态敏感区的输电线路段或接地极线路段生态环境影响评价范围为线路边导线地面投影外两侧各 1000m 内的带状区域，其余输电线路段或接地极线路段生态环境影响评价范围为线路边导线地面投影外两侧各 300m 内的带状区域。

3. 声环境影响评价范围

（1）变电站、换流站、开关站、串补站的声环境影响评价范围应按照依据声环境影响评价工作等级确定：

1）满足一级评价的要求，一般以建设项目边界向外 200m 为评价范围；

2）二级、三级评价范围可根据建设项目所在区域和相邻区域的声环境功能区类别及敏感目标等实际情况适当缩小。

3）如依据建设项目声源计算得到的贡献值到 200m 处，仍不能满足相应功能区标准值时，应将评价范围扩大到满足标准值的距离。

（2）架空输电线路建设项目的声环境影响评价范围参照表 3-4中相应电压等级线路的评价范围；地下电缆线路可不进行声环境影响评价。

4. 地表水环境影响评价范围

地表水环境影响评价范围应按照 HJ 2.3 的相关规定确定。

（三）接受准则

根据环境影响评价文件提供的参数，电磁环境影响的评价范围符合HJ 24的相关规定，生态环境影响的评价范围符合HJ 24的相关规定，声环境影响的评价范围符合HJ 2.4、HJ 24的相关规定，地表水环境影响的评价范围符合HJ 2.3的相关规定，确定的依据合理。

八、关于环境敏感目标

（一）审查内容

评价范围内电磁、声、生态、水环境敏感目标情况。

（二）审查要点

（1）应附图并列表说明评价范围内电磁、声、生态、地表水环境敏感目标的名称、功能、与项目的位置关系以及应达到的环境保护要求。

（2）应给出电磁、声环境敏感目标的名称、功能、分布、数量、建筑物楼层、高度、与项目相对位置、导线对地高度等情况。

（3）应给出生态、地表水环境敏感目标的名称、级别、审批情况、分布、规模、保护范围、具体保护对象，说明与本项目的位置关系，并附生态、水环境敏感区的功能区划图。

（4）根据环办辐射〔2016〕84 号文件要求，环境影响评价范围内明确属于工程拆迁的建筑物不列为环境敏感目标，不进行环境影响评价。

（三）接受准则

（1）环境敏感目标识别全面、准确，体现了各区域执行的环境功能区类别。

（2）环境敏感目标的基本情况应介绍清楚、全面、准确。

（3）相关图件清晰，列表内容清楚。

九、关于项目概况与分析

（一）审查内容

项目概况、选址选线环境合理性分析、环境影响因素识别与评价因子筛选、生态环境影响途径分析以及初步设计环境保护措施。

（二）审查要点

（1）项目概况应包括项目一般特性、项目占地、施工工艺和方法、主要经济技术指标、已有项目情况等5个方面。其中：

1）项目一般特性应包括项目名称、建设性质、建设地点、建设内容、建设规模、线路路径、站址、电压、电流、布局、塔型、线型、设备容量、交叉跨越/并行情况、职工人数等项目一般特性信息，并应附区域地理位置图、总平面布置示意图、线路路径示意图（应明确线路与环境敏感区相对位置关系）等。项目组成中应包括相关装置、公用工程、辅助设施等内容。直流建设项目应说明接地极系统情况。

2）项目占地介绍应包括永久和临时占地面积及类型。

3）施工工艺和方法应介绍施工组织、施工工艺和方法等。

4）主要经济技术指标介绍应包括投资额、建设周期、环保投资等。

5）已有项目情况：对于改扩建项目，还应明确本期建设项目与已有项目的关系。包括前期项目的环境问题、影响程度、环保措施及实施效果、主要评价结论、最近一期建设项目竣工环境保护验收的主要结论等回顾性分析的内容；还应分析与前期项目的依托关系及依托可行性，前期遗留环保问题及本期“以新带老”措施内容（如有）等内容。

（2）项目选址、选线环境合理性分析应从同规划环境影响评价文件相符性、“三线一单”生态环境分区管控要求相符性、终期规模进出线走廊规划、架设方式、所在声环境功能区要求、土地占用、植被砍伐、弃土弃渣、林地保护等方面进行。

（3）分别对项目施工期和运行期环境影响因素识别。对于施工期，应分析噪声、废水、扬尘、弃渣、生态影响等环境影响；对于运行期，应分析项目正常工况下电磁、生态、噪声、废水等的产生、排放、控制情况。

（4）分别对项目施工期和运行期生态环境影响进行分析。对施工期，主要从选线选址、施工组织、施工方式、对环境敏感区的影响等方面分析项目生态影响途径；对运行期，主要从运行维护角度分析项目的生态影响途径。

（5）应依据初步设计文件，对环境保护专项设计进行分析，重点说明防治环境污染和生态破坏的措施、设施及相应资金情况。

（三）接受准则

（1）项目概况介绍完整、准确，相关图件齐全、示意清晰，不存在漏项；对于改扩建项目，前期项目情况介绍完整。

（2）对于改扩建项目，如前期存在环保遗留问题，本期有“以新带老”措施，且措施可行。

（3）项目选址、选线已尽量避让《建设项目环境影响评价分类管理名录》规定的环境敏感区，确实因自然条件等因素限制无法避让上述环境敏感区的，满足相关法律法规的管控要求和技术规范要求，且环境合理性分析全面，论证充分。

当项目进入《建设项目环境影响评价分类管理名录》规定的环境敏感区时，应进行选址、选线方案比选。通过工程造价、环保投资、土地利用等方面的综合对比，进行生态规划符合性、环境合理性、建设项目可行性分析。必要时提出替代方案，并进行替代方案环境影响评价。

确实因自然条件等因素限制无法避让自然保护区实验区、饮用水水源二级保护区等环境敏感区的输电线路，应在满足相关法律法规及管理要求的前提下对线路方案进行唯一性论证，并提出无害化方式方案。

（4）项目环境影响因素识别分析中，已明确电磁及噪声源源强及分布，已说明废水排放源的种类、数量、处理方式、排放方式与去向等。

（5）项目生态环境影响途径分析符合输变电建设项目特点和工程实际。

（6）初步设计环境保护措施满足 HJ 1113 和其他相关规定要求。

十、关于环境现状调查与评价

（一）审查内容

区域概况、自然环境，以及电磁、声、生态、地表水环境现状评价。

（二）审查要点

1．区域概况

应包括行政区划、地理位置、区域地势、交通等，并附地理位置图。

2．自然环境

应包括地形地貌、地质、水文特征、气候气象特征等内容。

3．电磁环境现状评价

（1）应根据评价工作等级采用相应的现状评价方法。

（2）应包括监测因子、监测点位、布点方法、监测频次、监测时间、运行工况（如有）、监测气象条件、监测方法、监测单位、监测仪器、监测结果、现状评价及结论。

（3）重点关注现状监测能否反映评价范围内电磁环境水平，尤其是多条 330kV 及以上电压等级的输变电建设项目在评价范围内有交叉跨越/并行其他在建项目的情况。

4．声环境现状评价

应根据评价工作等级采用相应的现状评价方法。

应包括监测方法、监测点位、布点方法、监测频次、监测时间、运行工况（如有）、监测气象条件、监测单位、监测仪器、监测结果、现状评价及结论。

重点关注现状监测能否反映评价范围内声环境水平，尤其是评价区内有产生噪声的其他在建项目情况。改扩建项目应明确前期项目噪声排放情况及采取的防护措施。

5. 生态环境现状评价

应根据评价工作等级采用相应的现状评价方法。

应包括生态系统现状介绍，影响区域内生态系统状况原因分析，受影响区域内动、植物等生态因子的现状组成、分布分析和评价，受保护的敏感物的生态学特征分析，特殊生态敏感区或重要生态敏感区生态现状、保护现状和存在的问题等。

重点关注项目评价范围内保护红线范围内及其外的下列环境敏感区：

（1）自然保护区、风景名胜区、世界文化和自然遗产地、海洋特别保护区、饮用水水源保护区。

（2）基本农田保护区、基本草原、森林公园、地质公园、重要湿地、天然林、野生动物重要栖息地、重点保护野生植物生长繁殖地、重要水生生物的自然产卵场、索饵场、越冬场和洄游通道、天然渔场、水土流失重点防治区、沙化土地封禁保护区、封闭及半封闭海域。

（3）以居住、医疗卫生、文化教育、科研、行政办公等为主要功能的区域，以及文物保护单位。

调查内容应包括环境敏感区的成立时间、级别、范围、保护内容、项目与环境敏感区的位置关系。

6. 地表水环境现状评价

应明确项目污水受纳水体的环境功能及现状，拟建线路跨越河流、湖泊、水库等水体情况。

重点关注改扩建项目中变电站（换流站、开关站、串补站）前期工程污水处理措施，明确其是否正常运行及是否存在环境问题。

（三）接受准则

1. 区域环境

项目所在地行政区划、地理位置、区域地势、交通等信息叙述清楚，并附相应地理位置图。

2. 自然环境

项目所在地地形地貌、地质、水文特征、气候气象特征等内容叙述清楚、扼要，参考文献为正式出版物；项目所涉水体与项目的关系表述清楚、准确。

3. 电磁环境

（1）评价内容深度与评价工作等级相符。

（2）现状监测的监测因子、监测点位、布点方法有代表性，监测频次、监测方法、监测仪器符合相关规定，监测结果和评价结论准确、可信。

4. 声环境

（1）评价内容深度与评价工作等级相符。

（2）现状调查和评价的内容、方法、监测布点满足HJ 2.4中声环境现状调查和评价工作要求。现状监测的方法满足GB 3096、GB 12348中的规定。

5. 生态环境

（1）评价内容深度与评价工作等级相符。

（2）生态现状调查和评价的评价等级、范围、内容、方法满足HJ 24、HJ 19中的规定。

6. 地表水环境

（1）评价内容深度与评价工作等级相符。

（2）项目污水受纳水体的环境功能及现状描述清楚，参考文献为正式出版物。改扩建项目前期污水处理设施运行状况描述清晰完整。

十一、关于施工期环境影响评价

（一）审查内容

生态环境影响、声环境影响、施工扬尘、固体废物影响、地表水影响等评价分析内容。

（二）审查要点

1. 生态环境影响评价

应按照 HJ 19、HJ 1113 和其他相关规定，根据所确定的评价等级和范围，开展生态环境影响评价。对于直流输电建设项目，生态环境影响评价应包含其接地极系统。

评价应包括以下三方面内容：

（1）对评价范围内涉及的生态系统及其主要生态因子的影响评价。

（2）对敏感生态保护目标的影响评价。

（3）项目对区域现存主要生态问题影响趋势的预测评价。

2. 声环境影响分析

应按照 HJ 2.4、HJ 1113 和其他相关规定，从对周边噪声敏感目标产生的不利影响的时间分布、时间长度及控制作业时段、优化施工机械布置等方面进行分析。

3. 施工扬尘分析

应按照 HJ 1113 和其他相关规定，主要从文明施工、防止物料裸露、合理堆料、定期洒水等施工管理及临时预防措施方面进行分析。

4. 固体废物影响分析

应按照 HJ 1113 和其他相关规定，主要从弃渣、施工垃圾、生活垃圾等处理措施方面进行分析。

5. 地表水环境影响分析

应按照 HJ 1113 和其他相关规定，主要从文明施工、合理排水、防止漫排等施工管理及临时预防措施方面进行分析。

（三）接受准则

1. 生态环境

（1）生态影响预测与评价内容与现状评价内容相对应，依据区域生态保护的需要和受影响生态系统的主导生态功能确定评价预测指标。

（2）生态系统受影响的范围、强度和持续时间分析合理，项目对生态系统不利影响、不可逆影响和累积生态影响等预测准确。

（3）敏感生态保护目标的性质、特点、法律地位和保护要求介绍完整，项目建设对其影响途径、影响方式和影响程度分析预测合理准确。

（4）项目对区域现存主要生态问题影响趋势的预测合理、评价客观。

（5）满足 HJ 19、HJ 1113 和其他相关规定要求。

2. 声环境

（1）应明确对周边噪声敏感目标产生的不利影响的时间分布、时间长度及控制作业时段，提出的优化施工机械布置等减缓施工期噪声影响的措施描述清楚且合理可行。

（2）满足 HJ 2.4、HJ 1113 和其他相关规定要求。

3. 施工扬尘

施工管理措施和临时预防措施描述清楚且合理可行，满足 HJ 1113 和其他相关规定要求。

4. 固体废物

弃渣、施工垃圾、生活垃圾等固体废物处理措施描述清楚且合理可行，满足 HJ 1113 和其他相关规定要求。

5. 污水排放

施工管理措施和临时预防措施描述清楚且合理可行，满足 HJ 1113 和其他相关规定要求。

十二、关于运行期环境影响评价

（一）审查内容

电磁、声环境影响预测与评价；地表水环境、固体废物影响分析；环境风险分析。

（二）审查要点

1. 电磁环境影响预测与评价

根据所确定的评价等级和范围，开展电磁环境影响预测与评价。

（1）类比评价。

1）类比对象的建设规模、电压等级、容量、总平面布置、占地面积、架线型式、架线高度、电气形式、母线形式、环境条件及运行工况应与本建设项目相类似，并列表论述其可比性。

2）交流输变电项目类比监测因子为工频电场、工频磁场；直流输电线路项目类比监测因子为合成电场；换流站项目类比监测因子为工频电场、工频磁场、合成电场。

3）类比监测方法及仪器的选择执行 HJ 681、GB 39220 的规定。

4）对于涉及电磁环境敏感目标的类比对象，可对相关电磁环境敏感目标进行定点监测，定量说明其对敏感目标的影响程度。

5）类比监测选择监测路径时应能反映主要源项的影响，给出监测布点图。

6）分析类比结果的规律性、类比对象与本建设项目的差异；分析预测输变电建设项目电磁环境的影响范围、满足对应标准或要求的范围、最大值出现的区域范围。对于架空输电线路的类比监测结果，必要时进行模式复核并分析。

（2）架空线路模式预测。

1）交流输电线路项目预测因子为工频电场、工频磁场；直流输电线路项目预测因子为合成电场。

2）模式预测应针对电磁环境敏感目标和特定的项目条件及环境条件，合理选择典型情况进行预测。塔型选择时，可主要考虑线路经过居民区时的塔型，也可按保守原则选择电磁环境影响最大的塔型。

3）根据交流架空输电线路的架线型式、架设高度、相序、线间距、导线结构、额定工况等参数，计算其周围工频电场、工频磁场的分布及对电磁环境敏感目标的贡献。交流架空输电线路工频电场强度按照 HJ 24 规定的高压交流架空输电线路下空间工频电场强度的计算方法进行计算；交流架空输电线路工频磁场强度按照 HJ 24 规定的高压交流架空输电线路下空间工频磁场强度的计算方法进行计算。根据直流架空线路工程的架线型式、架设高度、线间距、导线结构、额定工况等参数，计算其周围合成电场的分布及对电磁环境敏感目标的贡献。双极直流架空线路合成电场强度按照 HJ 24 规定的直流架空输电线路合成电场强度的简化理论计算方法进行计算。

4）预测结果应给出最大值，并给出最大值符合 GB 8702、GB 39220 限值要求的对应位置，给出典型线路段的电磁环境预测达标等值线图。对于电磁环境敏感目标，应根据建筑高度，给出不同楼层的预测结果。

5）通过对照评价标准，评价预测结果，提出治理、减缓电磁环境影响的工程措施，必要时提出避让电磁环境敏感目标的措施。

6）多条 330kV 及以上电压等级的架高输电线路工程出现交叉跨越或并行时，可采用模式预测或类比监测的方法。并行线路中心线间距小于 100m 时，应重点分析其对环境敏感目标的综合影响，并给出对应的环境保护措施。

2. 声环境影响预测与评价

根据所确定的评价等级和范围，开展声环境影响预测与评价。

（1）架空线路类比评价。

1）对于线路工程的噪声影响可采取类比监测的方法确定，并以此为基础进行类比评价。类比对象应选择类似本项目建设规模、电压等级、容量、架线型式、线高、环境条件及运行工况的项目。

2）类比监测方法及仪器的选择执行 GB 12348 的规定。

3）类比对象应以导线弧垂最大处线路中心的地面投影点为监测原点，沿垂直于线路方向进行，测点间距不大于 5m，依次监测至评价范围边界处。在类比对象周边的声环境敏感目标适当布点进行定点监测，并记录监测点与类比对象的相对位置。

4）应以表格或图线等方式分析线路工程噪声贡献值，预测线路工程噪声的影响范围、满足对应标准的范围、最大值出现的区域范围。分析预测项目对周边声环境敏感目标的影响程度及可以采取的减缓和避让措施。

（2）模式预测。

1）对于变电站、换流站、开关站、串补站的声环境影响预测，可采用 HJ 2.4 中的工业声环境影响预测计算模式预测其声环境影响。主要声源的源强可选用设计值，也可通过类比监测确定。

2）进行厂界声环境影响评价时，新建建设项目以项目噪声贡献值作为评价量；改扩建建设项目以项目噪声贡献值与受到现有建设项目影响的厂界噪声值叠加后的预测值作为评价量。

3）进行敏感目标声环境影响评价时，以声环境敏感目标所受的噪声贡献值与背景噪声值叠加后的预测值作为评价量。

4）应以表格和等声级图的方式，对照标准评价预测结果。

3. 地表水环境影响分析

（1）根据评价工作等级的要求和现场调查、收集资料以及区域水体功能区划，主要从生活污水水量、处理方式、排放去向、受纳水体以及处理达标情况等方面分析变电站、换流站、开关站、串补站污水回用量、排放量、排放或污水清运情况。

（2）换流站存在冷却水外排受纳水体时，应结合其主要影响因子分析对受纳水体的影响；外排冷却水如作为农业用途时，需对全盐量（mg/L）、水温（℃）等进行分析。

4. 固体废物影响分析

对变电站、换流站、开关站、串补站内废旧蓄电池、废矿物油和工作人员生活垃圾等固体废物来源、数量进行分析，并按照固体废物相关法律法规和技术规范的要求明确处置、处理要求。

5. 环境风险分析

对变压器、高压电抗器、换流变等设备在突发事故情况下漏油时可能产生的环境风险进行简要分析，主要分析事故油坑、油池设置要求，事故油污水的处置要求。

（三）接受准则

1. 电磁环境影响预测与评价

（1）类比评价。

1）类比对象选择正确、合理，具有可比性。

2）类比监测因子选择正确。必要时对架空输电线路进行类比监测结果模式复核，说明其预测模型的保守性。

3）类比监测方法及仪器的选择满足 HJ 681、GB 39220 的规定。

4）对于涉及电磁环境敏感目标的类比对象，通过对相关电磁环境敏感目标进行定点监测，定量说明了类比对象对其电磁敏感目标的影响程度。

5）附监测布点图。类比监测路径反映了主要源项的影响。

6）分析了输变电建设项目电磁环境的影响范围、满足对应标准或要求的范围以及最大值出现的区域范围，描述清楚。

（2）架空线路工程模式预测。

1）预测因子选择正确。

2）预测范围、预测因子、预测点位、预测工况、预测方法符合 HJ 24 中的规定，预测模型参数、计算步长选取合理，具有代表性和保守性。

3）交流线路预测结果包括：不同预测线高对应的工频电场强度最大值及最大值点位置；不同线高对应的工频电场强度值降至 4kV/m 时与线路的水平距离；在项目拆迁范围之外工频电场强度全部低于 4kV/m 所对应的导线高度；线路经过耕地、园地、牧草地、畜禽饲养地、养殖水面、道路等场所时工频电场强度低于 10kV/m 所对应的导线高度等内容；工频磁感应强度可按照工频电场强度计算的线高，进行相应的计算，且预测值小于 0.1mT。直流线路预测结果应包括：不同线高对应的合成电场最大值，确保不超过 30kV/m（实际评价中，换流站周围、输电线路沿线电磁环境敏感目标处合成电场强度预测值均不得超过 15kV/m）；线路邻近居民区时，预测结果应包括不同线高对应的合成电场强度降至 15kV/m 时与线路的水平距离。交流、直流线路预测结果还应给出敏感点处预测值。

4）预测结果以表格、等值线图、趋势线图等方式给出最大值，并给出最大值符合 GB 8702、GB 39220 限值的对应位置，给出典型线路段的电磁环境预测达标等值线图。对于架空线路评价范围内具有多层建筑的电磁环境敏感目标，给出不同楼层的预测结果。

5）提出治理、减缓电磁环境影响的工程措施合理可行。

6）多条 330kV 及以上电压等级的输电线路工程交叉跨越或并行时，采用的预测模式合适或类比监测对象有可比性。并行线路中心线间距小于 100m 时，重点分析了其对环境敏感目标的综合影响，对应的环境保护措施可行。对于评价范围外但位于并行线路侧原有的敏感点，也应进行电磁环境影响预测分析。

2. 声环境影响预测与评价

（1）线路工程类比评价。

1）类比对象选择正确、合理，具有可比性。

2）类比监测方法及仪器的选择满足 GB 12348 的规定。

3）监测布点能说明主要源项的影响和对其声环境敏感目标的影响程度，监测路径、布点间距满足 HJ 24 的规定，监测点与类比对象的相对位置关系记录清楚。

4）线路工程噪声的影响范围、满足对应标准的范围、最大值出现的区域范围、对周边声环境敏感目标的影响程度描述清楚。采取的减缓和避让措施合理可行。

（2）模式预测。

1）预测范围、预测方法符合 HJ 2.4 中的规定，预测模型和预测参数的具有代表性和保守性。给出变电站（换流站、开关站、串补站）等声级线图。

2）新建/改扩建建设项目厂界噪声、环境敏感目标声环境评价量正确。

3）预测结果包括噪声预测值最大值及其位置和声环境敏感

目标处噪声预测结果，确保线路沿线所经区域和站址厂界周围声环境满足 GB 3096 中的规定；在采取相应噪声防治措施后，站址厂界噪声排放满足 GB 12348 中的规定。

4）提出的噪声治理、减缓措施合理可行。

3. 地表水环境影响分析

(1) 地表水体收资参考正式出版物。项目与区域“三线一单”生态环境管控相符合，对河道和水体的影响分析合理。

(2) 变电站、换流站、开关站、串补站污水防治措施及回用、排放、清运等明确，生活污水主要评价因子包括 pH 值、COD、BOD_5、NH_3-N、石油类。换流站存在冷却水外排时，主要影响因子对受纳水体的影响分析清楚。拟建线路涉及跨越水体的，明确其是否在水体中立塔，分析施工工艺是否满足环保要求，环境影响情况论述清晰、合理。

4. 固体废物影响分析

站址内固体废物来源、数量描述清楚，贮存条件明确，处置、处理要求合理可行。

5. 环境风险分析

变压器、高压电抗器、换流变环境风险描述清楚，事故油坑、油池设置、事故油污水处置满足设计规范要求。

十三、关于环境保护设施、措施分析及论证

（一）审查内容

环境保护设施、措施论证及投资估算。

（二）审查要点

(1) 针对环境影响或建设项目内容提出明确、具体的环境保护设施、措施。对输变电建设项目产生的废弃物（如污水、固体废物等）的收集、管理和处置提出相应的环境保护要求。各项环境保护设施、措施应明确责任单位、环境保护职责和完成期限。

（2）根据同类或相同设施、措施的实际运行效果，认证建设项目采取环境保护设施、措施的可行性、有效性和可靠性。没有实际运行经验的，可提供相关实验数据。

（3）在设计、施工、运行阶段，分别列出环境保护设施、措施的具体内容、责任主体、实施方案，并估算其投资金额，明确资金来源。

（三）接受准则

（1）项目在建设阶段、运行阶段拟采取的电磁环境、声环境、地表水环境、生态环境保护以及环境风险防范设施（措施）明确、具体；环境保护设施（措施）清单内容清晰、准确；变电站（换流站、开关站）产生的危险废物有相应收集、管理和处置的设施（措施）。

（2）各类措施的有效性判定应以同类或相同措施的实际运行效果为依据，拟采取环境保护设施（措施）技术可行、经济合理，能长期可靠、稳定、达标运行，能满足环境质量要求，能实现生态保护和恢复效果。

（3）环境保护投资应包括为预防和减缓建设项目不利环境影响而采取的各项环境保护设施、措施的建设费用、运行维护费用，还应包括直接为建设项目服务的管理费用、监测费用、科研费用及其他必要费用等。

十四、关于环境管理与监测计划

（一）审查内容

环境管理和环境监测等内容。

（二）审查要点

（1）环境管理应包括环境管理机构、施工期环境管理、竣工环境保护验收、运行期环境管理、环境保护培训、与相关公众的协调等内容。环境管理的任务应包括：环境保护法规、政策的执行，环境管理计划的编制，环境保护措施的实施管理，提出设计、施工和招投标文件的环境保护内容及要求，环境质量分析与评价以及环境保护科研和技术管理等。

（2）环境监测应包括监测计划、监测任务、监测点位布设和监测技术要求。其中，监测点位布设应针对施工期和运行期受影响的主要环境要素及因子。监测频次应根据监测数据的代表性、生态质量的特征、变化和环境影响评价、竣工环境保护验收的要求确定。

（三）接受准则

（1）环境管理内容描述详细完整；建设单位根据项目管理体制与环境管理任务设有环境管理体制、管理机构和人员。

（2）监测方案合理性，监测范围合适，监测点位、监测频次具有代表性，满足 HJ 681、GB 39220 中的规定，并优先选择已有监测点位。监测报告满足质量保证体系要求。

（3）环境监测计划能监测项目建设阶段和运行阶段环境要素及评价因子的动态变化；对项目突发性环境事件能跟踪监测调查。

十五、关于环境影响评价结论

（一）审查内容

建设项目的建设概况、环境现状与主要环境问题、污染物排放情况、主要环境影响、公众意见采纳情况、环境保护设施与措施、环境管理与监测计划等内容，以及建设项目的环境影响是否可行的结论。

（二）审查要点

（1）应结合环境质量目标要求，明确给出建设项目的环境可行性结论。

（2）环评机构提出建议的可行性。

（3）建设单位对现阶段环保方面存在的未解决的问题，提出改进设施（措施）并做出承诺。不纳入现阶段解决的应分析原因。

（三）接受准则

（1）环境可行性结论明确、简洁、准确，与各章节结论一致。

（2）环评机构提出的建议可行。

（3）对存在重大环境制约因素、环境影响不可接受或环境风险不可控、环境保护措施经济技术不满足长期稳定达标及生态保护要求的项目，应明确环境影响不可行的结论。

十六、关于附件

（一）审查内容

建设项目的环评委托书、各省（区、市、县）环评执行标准。

（二）接受准则

（1）附件齐全、合法、有效。

（2）环评执行标准应符合项目所在地的实际情况。

十七、关于支持性材料

（一）审查内容

项目核准或审批文件；项目建设文件，包括可研评审意见、初设评审意见（如有），前期环评和验收批复文件（如有）；项目协议文件，包括站址协议、路径协议、环境敏感区协议；环境监测报告，包括现状监测报告和类比项目监测报告；环境敏感目标与本项目位置关系及监测点位示意图；线路路径图。

（二）接受准则

（1）各项文件齐全、合法、有效。

（2）敏感区的协议文件中应明确提到敏感区的名称并有原则同意的意见。

（3）环境敏感点与本项目位置关系示意图应附现场实际照片或遥感影像图。

第四章　输变电建设项目水土保持方案报告书（表）内部审查管理

第一节 管 理 流 程

一、管理依据

《国家电网公司电网建设项目水土保持方案报告书编报工作规范（试行）》（国家电网科〔2019〕92号）。

二、工作流程

输变电建设项目水保方案报告内部审查工作由建设单位委托环保技术支撑单位负责开展。

（一）水保方案报告编制完成后，由建设单位前期管理部门转交环保管理部门。

（二）环保管理部门委托环保技术支撑单位组织开展内部审查工作，环保技术支撑单位在接到水保方案报告5个工作日内完成形式审查，并发出内部审查会通知。

（三）环保技术支撑单位组织召开水保方案报告内部审查会，参会人员包括公司环保管理部门、前期管理部门、建设管理部门的水保管理人员，建设管理单位、设计单位、水保方案报告编制单位项目负责人，以及特邀专家（不少于3人），会上形成内部审查意见。报告编制单位根据内部审查会修改意见，在5个工作日内完成对水保方案报告的修改并反馈环保技术支撑单位。

（四）环保技术支撑单位依据内部审查会修改意见复核修改后的水保方案报告，审查无误后，报送至公司环保管理部门和前期管理部门。

（五）环保技术支撑单位在组织召开水保方案报告内部审查

会的同时，组织建设单位和专家填写水土保持方案编制单位工作质量评价表（见后文表11-5～表11-8），环保技术支撑单位会后汇总后提交环保管理部门和前期管理部门。

环保技术支撑单位关于印发××工程水土保持方案报告书（表）内部审查意见的通知

各有关单位：

为保证××工程水土保持方案报告书（表）编制质量，受××委托，××环保技术支撑单位于××年×月×日组织召开了该工程水土保持方案报告书（表）内部审查会，现形成内部审查意见。

附件：××工程水土保持方案报告书（表）内部审查意见

附件

××工程水土保持方案报告书（表）内部审查意见

受××委托，××环保技术支撑单位于××年×月×日组织召开了《××工程水土保持方案报告书（表）》（以下简称“水保方案报告”）内部审查会议，参加会议的有××、××、××、××和××的有关专家和代表。与会专家听取了水保方案报告编制单位关于水保方案报告内容的汇报，经审查，形成内部审查意见如下：

一、项目基本情况

××为新建（扩建、技改等）项目，主要建设内容包括××、××、××、××。计划于××年×月开工，××年×月完工。

二、水保方案报告编制总体情况

水保报告书编制……，经修改完善可以送审。

三、水保方案报告修改时应完善以下内容

1. ……；

2. ……；

3. ……；

4. ……；

5. ……；

……

四、其他

1. ……。

2. 请水保方案报告编制单位根据会议审查意见修改完善水保方案报告5个工作日内提交××环保技术支撑单位复核，复核通过后，报送××。

第二节 技术要点

一、内审依据

（一）水土保持相关法律、法规

（1）《中华人民共和国水土保持法》；

（2）《中华人民共和国防洪法》；

（3）《中华人民共和国防沙治沙法》；

（4）《中华人民共和国土壤污染防治法》；

（5）《中华人民共和国水土保持法实施条例》；

（6）《中华人民共和国河道管理条例》。

（二）水土保持相关部门规章

《开发建设项目水土保持方案编报审批管理规定》（水利部令第5号，2005年修正，2017年修正）。

（三）水土保持相关规范性文件

（1）关于颁发《水土保持工程概（估）算编制规定和定额》的通知（水利部水总〔2003〕67号）；

（2）水利部办公厅关于印发《全国水土保持规划国家级水土流失重点预防区和重点治理区复核划分成果》的通知（办水保〔2013〕188号）；

（3）水利部水土保持监测中心关于印发《生产建设项目水土保持方案技术审查要点》的通知（水保监〔2020〕63号）；

（4）《水利部办公厅关于进一步加强生产建设项目水土保持监测工作的通知》（办水保〔2020〕161号）；

（5）水利部办公厅关于印发《水利部生产建设项目水土保持方案变更管理规定（试行）》的通知（办水保〔2016〕65号）；

（6）水利部办公厅关于印发《水利工程营业税改征增值税

计价依据调整办法》的通知（办水总〔2016〕132号）；

(7)《水利部关于加强水土保持监测工作的通知》（水保〔2017〕36号）；

(8)《水利部办公厅关于印发生产建设项目水土保持技术文件编写和印制格式规定（试行）的通知》（办水保〔2018〕135号）；

(9)《住房城乡建设部办公厅关于调整建设工程计价依据增值税税率的通知》（建办标〔2018〕20号）。

（四）水土保持相关技术标准

(1)《生产建设项目水土保持技术标准》（GB 50433）；

(2)《生产建设项目水土流失防治标准》（GB/T 50434）；

(3)《防洪标准》（GB 50201）；

(4)《水土保持综合治理 技术规范 崩岗治理技术》（GB/T 16453.6）；

(5)《水土保持综合治理效益计算方法》（GB/T 15774）；

(6)《生产建设项目水土保持监测与评价标准》（GB/T 51240）；

(7)《水土保持工程设计规范》（GB 51018）；

(8)《土地利用现状分类》（GB/T 21010）；

(9)《土壤侵蚀分类分级标准》（SL 190）；

(10)《生产建设项目土壤流失量测算导则》（SL 773）；

(11)《水土保持工程调查与勘测标准》（GB/T 51297）；

(12)《水土流失重点防治区划分导则》（SL 717）；

(13)《输变电项目水土保持技术规范》（SL 640）；

(14)《水利水电工程制图标准 水土保持图》（SL 73.6）。

（五）水土保持管理制度

(1)《国家电网有限公司环境保护管理办法》（国家电网企管〔2019〕429号）。

(2)《国家电网有限公司电网建设项目水土保持管理办法》（国网（科/3）643—2019（F））；

(3)《国家电网公司电网建设项目水土保持方案报告书编报工作规范（试行）》（国家电网科〔2019〕92号）。

（六）其他相关文件

（1）电网建设项目水土保持方案报告书内审要点（国家电网科环〔2019〕2号）；

（2）输变电建设项目的工程资料、项目规划、可行性研究报告、设计文件及其审查意见（如有）、规划部门、水行政主管部门关于选址、选线的意见等。

二、审查要求

（一）与法律法规和标准的相符性

审查项目与我国水土保持相关法律法规及技术标准的相符性，包括现行法律法规、国家产业政策和水利部有关规定，GB 50433、GB/T 50434 等重要技术标准。

（二）项目情况调查的全面性、可靠性

根据项目基本情况和所在区域自然概况，结合水土保持有关技术标准要求，审查项目情况调查的全面性和可靠性。

（三）水土流失预测的科学性、准确性

根据项目特点和所在区域环境特点，结合水土保持有关技术标准要求，审查采用的预测参数、预测模式、预测结果的科学性和准确性。

（四）水土保持设施、措施的可行性、有效性

按照全面规划、因地制宜的原则，结合水土保持防治目标要求，审查项目拟采取的水土保持设施、措施的可行性和有效性。

（五）水土保持方案的规范性

根据水土保持相关技术标准和办水保〔2018〕135号有关要求，审查水土保持方案编制的规范性，包括术语、格式、版式、图件、表格、装订等方面。

（六）有下列情况之一的不予通过审查

（1）不符合水土保持相关法律法规、标准规范及有关文件

规定的。

（2）水土保持方案的格式和内容不满足相关要求的。

（3）选址（线）无法避让《中华人民共和国水土保持法》规定应避让的区域，建设方案、施工工艺等无优化措施，不满足《中华人民共和国水土保持法》要求减少地表扰动和植被损坏范围的。

（4）主体工程布局或施工方案存在大量借方的同时又存在大量弃方，或工程扰动面积明显超过合理范围，且无充分理由的。

（5）水土流失防治目标不合理且水土保持措施不满足合理目标要求的。

（6）项目存在缺项、漏项造成水土流失防治责任范围明显不合理的。

（7）土石方等基础数据存在重大错误的；弃渣没有开展综合利用调查，或综合利用方案不合理的；综合利用途径不明确且未落实弃渣存放地的，或存放地位置不明确、选址或堆置方案不符合技术标准和相关要求的；在其他法律法规禁止设置弃渣场区域选址的。

（8）借方来源未落实或不合理，或取土场设置不符合技术标准和相关要求的，以及在其他法律法规禁止设置取土场的区域选址的。

（9）表土资源调查和保护措施不明确、利用方向不合理的。

（10）水土保持措施体系不完整或者措施体系不能有效防治水土流失的；弃渣场级别和挡渣、截排水等水土保持工程级别与设计标准不明确或不符合水土保持相关技术标准的；分区水土保持措施布设位置不明确的。

（11）水土保持施工方法不明确或不合理，施工组织（工艺）和进度安排明显不合理的。

（12）水土保持监测内容、方法和点位明显不合理的。

（13）水土保持投资明显不符合实际的。

（14）报告书编制质量差，存在明显非技术性错误，包括抄袭、拷贝等情形的。

三、综合说明

（一）审查内容

方案主要内容简介，包括项目简况、编制依据、设计水平年、水土流失防治责任范围、水土流失防治目标、项目水土保持评价结论、水土流失预测结果、水土保持措施布设成果、水土保持监测方案、水土保持投资估算及效益分析成果、结论共十一节。

（二）审查要点

1. 项目简况

（1）项目基本情况。

应明确项目建设的必要性、项目位置，建设性质，规模与等级，项目组成，施工组织，拆迁安置，专项设施改（迁）建，占地面积，土石方“挖、填、借、余（弃）”量，取土场和弃渣场数量，开工与完工时间，总工期，总投资与土建投资等。

（2）项目前期工作进展情况。

应明确主体工程设计单位、设计阶段、设计文件审查及审批情况；前期工作相关文件取得情况。

简要说明水土保持方案编制过程。

（3）自然简况。

简述项目区地貌类型、气候类型与主要气象要素、土壤类型、林草植被类型与覆盖率、水土保持区划及容许土壤流失量、土壤侵蚀类型与强度、涉及的水土流失重点防治区与水土保持敏感区情况。

2. 编制依据

列出编制水土保持方案所依据的主要水土保持法律法规、技术标准以及技术资料。

其他所涉及的相关法律法规、规范性文件、技术标准在报告书相应位置说明。报告书中不再罗列方案编制中未依据和参考的法律法规、文件、标准等。

3. 设计水平年

根据主体工程完工时间和水土保持措施实施进度安排等综合确定。

4. 水土流失防治责任范围

包括完整项目的永久征地、临时占地，按县级行政区明确水土流失防治责任范围及面积。

5. 水土流失防治目标

应明确方案执行的水土流失防治标准等级和目标值。

6. 项目水土保持评价结论

应从水土保持角度明确对主体工程选址（线）、建设方案、工程占地、土石方平衡、取土场设置、弃渣场设置、施工方法与工艺、具有水土保持功能工程的评价结论。

7. 水土流失预测结果

简述可能造成土壤流失总量，新增土壤流失量、产生水土流失的重点部位、水土流失主要危害。

8. 水土保持措施布设成果

应明确各防治区措施布设情况、水土保持措施主要工程量。

9. 水土保持监测方案

应说明监测内容、时段、方法和点位布设情况。

10. 水土保持投资及效益分析成果

应说明水土保持总投资，工程、植物、临时措施投资，独立费用及水土保持补偿费。

跨省项目应分省明确水土保持措施投资和水土保持补偿费。

应明确方案实施后防治指标的可能实现情况和水土流失治理面积、林草植被建设面积、可减少水土流失量等目标。

11. 结论

明确项目建设从选址（线）、建设方案、水土流失防治等方面是否符合水土保持法律法规、技术标准的规定，实施水土保持措施后是否能达到控制水土流失、保护和恢复生态环境的目的，从水土保持角度对工程设计、施工和建设管理提出要求。

综合说明后应附水土保持方案特性表。

（三）接受准则

（1）简明扼要、全面地反映方案的主要结论，结论明确、合理。

（2）水土流失防治责任范围明确、合理。

（3）水土流失防治标准执行等级和防治目标确定符合GB 50433和GB/T 50434相关规定。

四、项目概况

（一）审查内容

项目组成及布置、施工组织、工程占地、土石方平衡、拆迁（移民）安置与专项设施改（迁）建、施工进度、自然概况共七节。

（二）审查要点

1. 项目组成及工程布置

（1）应明确项目组成内容，按工程区域介绍单项工程。

（2）项目有依托工程时，应介绍依托工程相关情况及其水土保持方案编报情况。

（3）项目组成应附主要技术指标表、总平面布置图等。

2. 施工组织

（1）明确施工生产区和生活区的布设、占地面积等。

（2）明确施工道路的布设、占地面积等。

（3）设置取土场的，明确布设位置、地形条件、取土量、占地面积、最大取土深度等。有依托其他项目取土或外购的，应说明依托项目情况并附相关支撑性附件。

（4）设置弃渣场的，明确布设位置、地形条件、容量、弃渣量、占地面积、汇水面积、最大堆高、堆置方案，以及下游重要设施、居民点等。应在比例尺不小于 1∶10000 的地形图和遥感影像图上明确弃渣场位置。弃渣场选址应取得地方政府提供的确认函或相应会议纪要，或自然资源、水利、林草、农业、生态环境等相关行政部门（如有涉及）提供的确认函。依托其他项目弃渣的，应说明情况并附相关支撑性附件。

（5）介绍与水土保持相关的土石方工程施工方法与工艺。

3．工程占地

按项目组成、施工组织及县级行政区分别明确占地性质、类型、面积，并列出工程总占地表。

4．土石方平衡

按项目组成明确挖方、填方、借方（说明来源）、余方（说明去向）和调运情况，列出土石方平衡表，并绘制流向框图。表土的剥离、回覆应单独平衡，并应分别计入挖方量、填方量。水土保持方案对工程土石方量有调整的应说明。

5．拆迁（移民）安置与专项设施改（迁）建

明确拆迁（移民）安置的规模、安置方式，专项设施改（迁）建的内容、规模及方案等。

6．施工进度

明确工程总工期、开工时间、完工时间及分区或分段工程进度安排，并以进度图表示。

7．自然概况

介绍项目区地质、地貌、气象、水文、土壤及植被等情况。变电站（换流站、开关站、串补站）工程介绍到乡级，线路工程介绍到县级。

（1）地质。简述项目区地质构造、岩性、地震烈度等；说明工程占地范围内崩塌、滑坡和泥石流等不良工程地质情况。

（2）地貌。简述项目区地形特征和地貌类型。

（3）气象。简述项目区的气候类型，多年平均气温、大于等于 10℃积温、年蒸发量、年降水量、无霜期、风速与主导风向、大风日数，雨季时段，风季时段，最大冻土深度，并说明

资料来源和系列长度。

（4）水文。简述项目区所处的流域，主要河流、湖泊的名称和水功能区划情况等。

（5）土壤。简述项目区土壤类型；说明占地范围内表层土壤厚度、可剥离范围及面积等。

（6）植被。简述项目区植被类型，当地主要乡土树草种及生长情况，林草覆盖率等。

（三）接受准则

（1）项目组成、工程布置介绍清楚。

（2）涉及的取土、弃渣场位置明确，要素信息完整，介绍清楚，满足选址分析的需要，弃渣堆置方案符合水土保持相关要求。

（3）工程占地的性质、类型和数量明确。

（4）土石方挖、填、借、余（弃）数量和表土平衡介绍清楚。

（5）自然概况介绍全面、清楚，满足分区、预测与水土保持措施布设的需要。

五、项目水土保持评价

（一）审查内容

主体工程选址（线）水土保持评价、建设方案与布局水土保持评价、主体工程设计中水土保持措施界定共三节。

（二）审查要点

1. 主体工程选址（线）水土保持评价

对照水土保持法律法规、GB 50433 及相关规范性文件的规定进行评价。重点说明以下几方面：

（1）是否避让了水土流失重点预防区和重点治理区。对无法避让的，应从建设方案、施工工艺等方面说明主体工程采取的具体优化措施，定量分析达到减少扰动或土石方量的效果。

（2）是否避让河流两岸、湖泊和水库周边的植物保护带。

（3）是否避让了全国水土保持监测网络中的水土保持监测站点、重点试验区及国家确定的水土保持长期定位观测站。

2. 建设方案与布局水土保持评价

（1）建设方案评价。

项目建设方案应满足 GB 50433 中的基本规定，应明确工程建设方案评价结论，可提出优化建议。重点从以下方面进行评价：

1）山丘区输电线路工程塔基应优先考虑采用不等高基础，经过林区的采用加高杆塔跨越方式。

2）对无法避让水土流失重点预防区、重点治理区的项目，建设方案应符合：优化方案，减少工程占地和土石方量；截排水工程、拦挡工程的工程级别和防洪标准应提高一级；宜布设雨洪集蓄、沉砂设施；提高植物措施标准，林草覆盖率应提高1～2个百分点。

3）涉及饮用水水源保护区、自然保护区、世界文化和自然遗产地、风景名胜区、地质公园、森林公园以及重要湿地等敏感区的，应说明与本工程的位置关系，并按 GB 50433 明确分析结论。

（2）工程占地评价。

主要从以下三个方面评价，并明确评价结论。

1）工程占地是否存在漏项。重点分析给排水、供电、对外交通、工程边坡、生产生活区、施工道路、施工用水用电、临时堆土场、取土场、弃渣场占地等是否存在漏项，对有漏项的，报告书应合理补充。

2）永久占地以用地预审或行业用地指标为衡量标准进行评价。

3）临时占地是否合理。重点分析变电站（换流站、开关站、串补站）施工区的数量和输电线路施工区作业带的宽度是否满足施工要求；不足的报告书应合理补充；不符合节约用地要求的应提出优化建议。

（3）土石方平衡评价。

从以下几方面进行评价，并明确评价结论。

1）土石方挖填数量应符合最优化原则，分析各工程区域土石方挖方、填方、借方、余方量是否合理。对漏项和不足的应补充；对数据明显不符合常理的，应说明理由；无合理理由或确实为数据重大错误的，不予通过评审。

2）土石方调运应符合节点适宜、时序可行、运距合理的原则，不足的可提出补充完善意见。对涉及敏感区内的项目，应加大土石方调运的距离，减少借弃方量。

3）余方应提出明确合理的综合利用方案，最大限度减少永久弃方，不能利用的，应说明弃渣数量和分类堆存方案。表土剩余时应设置专门场地保存，并提出利用方向。

4）借方应优先考虑利用其他工程废弃的土（石、渣）；外购土（石、料）的应说明外购的可行性。

5）分析工程建设各组成部分临时堆土情况，明确临时堆土数量和堆存位置。

（4）取土场设置评价。

主要从以下几方面进行评价，并明确评价结论。

1）是否避开崩塌、滑坡危险区和泥石流易发区。

2）是否在河道取土，如涉及河道取土应符合河道的有关规定。

3）是否符合城镇、景区等规划要求，并与周边景观相互协调。

4）说明取土场的位置、开采方式、占地面积、取土量、最大挖深和评价结论等，综合考虑取土结束后的土地利用；涉及多个取土场的应列表说明。

（5）弃渣场设置评价。

主要从以下几方面进行评价，并明确评价结论。

1）是否设置在对公共设施、基础设施、工业企业、居民点等有重大影响的区域。下游一定范围内有上述敏感因素且不能直接判断是否存在重大影响的，应有专题论证并有明确的“不存在重大影响”的论证结论。

2）弃渣场是否涉及河道、湖泊和水库。禁止在建设成水库和河湖管理范围内弃置渣土。

3）在山丘区宜选择荒沟、凹地、支毛沟，平原区宜选择凹地、荒地，风沙区宜避开风口。

4）充分利用取土场、废弃采坑、沉陷区等场地。

5）综合考虑弃渣结束后的土地利用方向，合理确定弃渣方案。

6）弃渣堆置方案是否明确，是否符合 GB 51018 要求。

（6）施工方法与工艺评价。

主要从以下几方面进行评价，并明确评价结论。

1）施工方法是否符合减少水土流失的要求。

2）施工场地是否避开植被相对良好的区域和基本农田区。

3）土石方在运输过程中是否采取防止散溢等保护措施。

4）是否采取表土剥离或保护措施及具体施工方法。

5）裸露地表是否及时采取防护措施，填筑土方是否做到随挖、随运、随填、随压。

6）临时堆土应集中堆放，并采取临时拦挡、苫盖、排水、沉沙等措施。

7）施工产生的泥浆是否设置泥浆沉淀池，泥浆沉淀池的处置措施是否明确。

8）弃渣场是否满足“先拦后弃”原则。

9）取土场开挖前是否按要求设置截（排、挡）水、沉沙等措施。

对于工程设计尚未明确的，应提出水土保持要求，属于水土保持措施的，应在水土保持施工要求中落实。

（7）主体工程设计中具有水土保持功能工程的评价。

评价范围应为主体工程设计的地表防护工程，评价内容应包括工程类型、结构型式、数量及设计标准。

明确主体工程设计是否满足水土保持要求，不满足水土保持要求的，应提出补充完善意见。

3. 主体工程设计中的水土保持措施界定

将主体设计中以水土保持功能为主的工程界定为水土保持措施。界定为水土保持措施的，应分区列表明确各项措施的数量和投资。具体措施界定应符合 GB 50433 附录 D 的规定。

（三）接受准则

（1）选址（线）的水土保持评价结论正确。

（2）项目建设方案、工程占地、土石方平衡、取土场设置、弃渣场设置、施工方法与工艺等的水土保持评价全面、准确。

（3）取土场、弃渣场选址符合法律法规及技术标准的要求。

（4）主体设计中具有水土保持功能工程的评价，内容全面，水土保持措施界定合理，界定为水土保持措施的，设计标准满足 GB 51018 的要求。

六、水土流失分析与预测

（一）审查内容

水土流失现状、水土流失影响因素分析、土壤流失量预测、水土流失危害分析、指导性意见共五节。

（二）审查要点

1. 水土流失现状

明确项目所在区域水土流失的类型、强度，土壤侵蚀模数和容许土壤流失量。

2. 水土流失影响因素分析

根据项目区自然条件、工程施工特点，分析工程建设与生产对水土流失的影响。明确建设和生产过程中扰动地表、损毁植被面积，废弃土（石、渣）量。

3. 土壤流失量预测

预测在工程施工扰动地表后，多年平均气象条件下，不采取水土保持措施时，防治责任范围内可能造成的土壤流失量。具体预测执行 GB 50433 和 SL 773 相关内容。

4. 水土流失危害分析

分析水土流失对当地水土资源和生态环境、周边生产生活、下游河（沟、渠）道及排水管网淤积和防洪安全、工程本身等的影响，明确可能造成的危害形式、程度和范围，以及产生滑坡和泥石流的风险等。

5. 指导性意见

根据水土流失预测结果，综合分析提出水土流失防治、监测的重点区域和防治措施布设的指导性意见。

（三）接受准则

（1）水土流失现状介绍符合实际，水土流失影响因素分析合理。

（2）土壤流失预测单元和时段划分符合实际和规范要求。

（3）土壤侵蚀模数确定合理，预测结果可信。

（4）水土流失危害分析和指导性意见符合实际。

七、水土保持措施

（一）审查内容

防治区划分、措施总体布局、分区措施布设、施工要求共四节。

（二）审查内容

1. 防治区划分

依据工程布局、施工扰动特点、建设时序、地貌特征、自然属性、水土流失影响等进行防治区划分，可划分为一级或多级。

分区结果应采用文、图、表说明。

2. 措施总体布局

结合工程实际和项目区特点，因地制宜提出水土保持总体布局，明确综合防治措施体系，工程措施、植物措施和临时措施有机结合。

根据对主体工程设计中具有水土保持功能工程的评价，借鉴当地同类建设项目防治经验，布设防治措施。应注重：

（1）表土资源保护。

（2）降水的排导、集蓄利用以及排水与下游（周边）的衔接。

（3）弃渣场、取土场的防护。

（4）地表防护，防止地表裸露，优先布设植物措施，限制硬化面积。

（5）施工场的临时防护，对临时堆土、裸露地表应及时防护。

措施总体布局应有文字说明并对应措施总体布局图，应绘制水土保持措施体系框图。

3. 分区措施布设

按防治分区分小节布设措施，变电站（换流站、开关站、串补站）应分区绘制措施总体布局图，比例不小于1∶10000；输电线路应选择典型地段，结合典型措施布设绘制典型地段措施总体布局图，比例不应小于1∶2000。分区措施总体布局图应以图例表述，每项措施均应在总体布局图中明确布设位置。

在分区措施布设后应进行典型措施布设，并对应绘制典型措施布设图，典型措施布设平面图比例不应小于1∶2000。应根据典型措施布设的单位工程量推算各区工程量，并列出工程量计算表。典型措施布设具体要求应符合GB 50433附录E的规定。水土保持措施工程级别和设计标准应符合行业相关技术标准和GB 51018的规定。

各类措施布设按下述要求进行。

（1）表土保护措施。

1）地表开挖或回填施工区域，施工前应对表土资源采取剥离措施。

2）明确剥离表土的范围、厚度、数量和堆存位置，以及堆存表土的防护措施。

3）施工结束后，应将表土回覆到植物措施或恢复耕地区域；有剩余表土时，应明确其利用方向。

4）扰动深度小于 20cm 且土地利用方向不变的占地内，表土可不剥离但应采取铺垫等保护措施。

（2）拦渣措施。

1）弃渣场下游或周边应布设拦挡措施。

2）弃渣场布置在沟道的，应布设拦渣坝或挡渣墙。

3）弃渣场布置在斜坡面的，应布设挡渣墙。

4）弃渣场布置在河（沟）道岸边的，应根据防洪治导线布设拦渣堤或挡渣墙。

5）确定挡渣墙、拦渣坝、拦渣堤等的位置、标准等级、结构、断面型式和长度。

（3）边坡防护措施。

1）对主体工程设计的稳定边坡，应布设边坡防护措施，主要护坡措施有植物护坡、工程护坡、工程和植物相结合的综合护坡。

2）对降水条件许可的低缓坡度，应布设植物护坡措施。

3）干旱区不宜布设植物措施的边坡或容易遭受水流冲刷的坡脚，应布设工程防护措施。

4）对降水条件许可的高（或陡）边坡，应布设工程和植物相结合的综合护坡措施。

5）对降水条件许可的岩质边坡，应布设适宜的植物防护措施（挂网喷灌草或布设攀援性植物）。

6）确定工程护坡、植物护坡、工程和植物综合护坡的位置、结构（植物配置）、断面形式和措施面积。

（4）截（排）水措施。

1）对工程建设破坏原地表水系和改变汇流方式的区域，应布设截水沟、排洪渠（沟）、排水沟、边沟、排水管以及与下游（周边）的顺接措施，将工程区域和周边的地表径流安全排导至下游（周边）自然沟（河）道。

2）确定截（排）水措施的位置、标准、结构、断面形式和长度。

（5）降水蓄渗措施布设应符合下列规定：

1）对于旱缺水和城市地区项目，应布设蓄水池、渗井、渗沟、透水铺装等措施，集蓄建筑物和地表硬化后产生的径流。

2）蓄水池容量应根据汇水、用水和排水情况确定。

3）确定蓄水池、渗井、渗沟的位置、结构和断面形式，透水铺装的位置、面积。

（6）土地整治措施布设应符合下列规定：

1）在施工结束后，应对弃渣场、取土场、施工生产生活区、施工道路、施工场地、绿化区域等应进行土地整治。

2）土地整治措施的内容包括场地清理、平整、覆土（含表土回覆）等。

3）确定土地整治的范围、面积。

4）明确整治后的土地利用方向，包括植树种草、恢复耕地等。

（7）植物措施布设应符合下列规定：

1）项目占地范围内除建（构）筑物、场地硬化、恢复耕地占地外，适宜植物生长的区域均应布设植物措施。

2）植物措施配置应与周边景观相协调，植物品种应优先选择乡土树（草）种。

3）确定布设乔、灌、草的位置、品种、面积或数量。

（8）临时措施布设应符合下列规定：

1）施工中应采取临时防护措施。

2）临时堆土（料、渣）应布设拦挡、苫盖措施；施工扰动区域应布设临时排水和沉沙措施；相对固定的裸露场地宜布设临时铺垫或苫盖措施，裸露时间超过一个植物生长季的宜布设临时植草措施。施工产生的泥浆应设置泥浆沉淀池，并明确泥浆沉淀后的处置措施。

3）确定临时拦挡、苫盖、排水、沉沙、铺垫、临时植草等措施的位置、型式、数量。

(9) 防风固沙措施布设应符合下列规定：

1) 易受风沙危害的区域应布设防风固沙措施。

2) 防风固沙措施主要包括沙障及配套固沙植物、砾石或碎石压盖等。

3) 确定沙障和砾石或碎石压盖形式、位置、数量以及配套植物措施的品种、面积和数量。

4. 施工要求

明确实施水土保持各单项措施所采用的方法和施工进度。

施工进度安排应与主体工程施工进度相协调，临时措施应与主体工程施工同步实施。

分区列出水土保持施工进度安排表，明确各项措施对应于主体单项工程的施工时序。

（三）接受准则

（1）防治区划分合理。

（2）水土保持措施总体布局合理，体现“生态优先、绿色发展”的理念，防治措施体系完整有效，总体布局图符合要求。

（3）水土保持措施工程级别和设计标准、弃渣场级别明确且符合 GB 51018 要求，分区措施布设明确措施位置、工程措施结构型式、植物措施植物种类，措施配置合理。分区措施布设图满足 GB 50433 的要求。

（4）典型措施选择具有代表性，布设满足要求，图件规范，文、表、图一致。

（5）工程量计算规范、准确。

（6）施工要求合理。

八、水土保持监测

（一）审查内容

范围和时段、内容和方法、点位布设、实施条件和成果共四节。

（二）审查要点

1．范围和时段

（1）水土保持监测范围应为水土流失防治责任范围。

（2）监测时段应从施工准备开始，至设计水平年结束。在施工准备期前应进行本底值监测。

2．内容和方法

（1）监测内容。

监测内容应包括水土流失自然影响因素、项目施工全过程各阶段扰动土地情况、水土流失状况、水土流失防治成效、水土流失危害等。

1）水土流失自然影响因素。主要包括气象水文、地形地貌、地表组成物质、植被等自然影响因素。

2）扰动土地。项目建设对原地表、植被的占压和损毁情况，项目征占地和水土流失防治责任范围变化情况，项目弃渣场的占地面积、弃渣量、堆放方式及变化情况，项目取土的扰动面积及取料方式、取土量及变化情况。

3）水土流失状况。重点监测水土流失面积、分布、土壤流失量及变化情况等。

4）水土流失防治成效。重点监测采取水土保持工程、植物和临时措施的位置、数量，以及实施水土保持措施前后的防治效果对比情况等。

5）水土流失危害。重点监测水土流失对主体工程、周边重要设施等造成的影响和危害等。

（2）监测方法和频次。

监测方法、频次应符合 GB/T 51240 和相关文件要求。

1）监测方法。针对不同监测内容和重点，结合工程实际，综合采取卫星遥感、无人机遥感、视频监控、地面观测、实地调查量测、查阅资料等多种方法，对生产建设项目水土流失进行定量监测和过程控制。

2）监测频次。

a. 水土流失自然影响因素：

地形地貌状况：整个监测期监测 1 次；

地表物质：施工准备期和设计水平年各监测 1 次；

植被状况：施工准备期前测定 1 次；

气象因子：每月 1 次。

b. 扰动土地：

地表扰动情况：变电站（换流站、开关站、串补站）每月监测 1 次；输电线路全线巡查每季度不少于 1 次，典型地段每月 1 次。

取土、弃渣场：正在使用的取土、弃渣场至少每两周监测 1 次；对 3 级以上弃渣场应当采取视频监控方式，全过程记录弃渣和防护措施实施情况。

c. 水土流失状况：

水土流失状况应至少每月监测 1 次，发生强降水等情况后及时加测。

d. 水土流失防治成效：

至少每季度监测 1 次，其中临时措施至少每月监测 1 次。

e. 水土流失危害：

结合上述监测内容与水土流失状况一并开展，灾害事件发生后 1 周内完成监测。

3. 点位布设

监测点位布设应符合工程实际，监测点的数量和位置应满足水土流失及其防治效果监测与评价的要求。

（1）植物措施：每个典型植物措施配置类型和县级行政区至少布设 1 个监测点。

（2）工程措施：变电站（换流站、开关站、串补站）项目弃渣场、取土场至少各布设 1 个监测点；输电线路项目应选取不低于 30%的弃渣场、取土场、穿（跨）越大中河流两岸、施工便道布设监测点。

（3）土壤流失量：变电站（换流站、开关站、串补站）项目每个分区至少1个监测点；输电线路项目每个分区至少1个监测点，若某个分区长度超过100km时，每100km增加2个监测点。

4. 实施条件和成果

根据监测内容、方法提出需要的水土保持监测人员、设施和设备。

应按有关规定，提出监测成果要求，监测成果应包括监测报告（季报和总结报告应包含“绿黄红”三色评价内容）、监测数据、监测图件和影像资料、报告制度要求。

（三）接受准则

（1）监测内容全面，符合工程实际，监测方法可行。

（2）监测点位布设合理。

（3）监测频次满足要求。

九、水土保持投资估算及效益分析

（一）审查内容

投资估算和效益分析共两节。

（二）审查要点

1. 投资估算

（1）编制原则及依据。

1）投资估算编制的项目划分、费用构成、表格形式等应依据水土保持工程概（估）算编制规定编写。

2）水土保持投资估算的价格水平年、人工单价、主要材料价格、施工机械台时费、估算定额、取费项目及费率应与主体工程一致。

3）主体工程概（估、预）算定额中未明确的，应采用水土保持或相关行业的定额、取费项目及费率。

4）编制依据应包括水土保持、主体工程和相关行业概

（估）算定额及相关规定。

（2）编制说明与估算成果。

1）列出投资估算总表、分区措施投资表（包括工程措施、植物措施、临时措施）、分年度投资估算表、独立费用计算表、水土保持补偿费计算表、工程单价汇总表、施工机械台时费汇总表、主要材料单价汇总表。

2）水土保持投资估算总表按分区措施费、独立费用、基本预备费和水土保持补偿费计列。

3）分区措施投资和投资估算总表中含主体设计中界定为水土保持措施的投资。

4）独立费用包括建设管理费、科研勘测设计费、水土保持监理费、水土保持监测费、水土保持设施验收费等。

5）科研勘测设计费、水土保持监理费、水土保持设施验收费参考相关资料根据实际工作量计列。

6）水土保持监测费包括人工费、土建设施费、监测设备使用费、消耗性材料费，参考相关资料，结合实际工作量计列。

7）水土保持补偿费根据各省（区、市）有关规定计列。

8）跨省（区、市）项目分省（区、市）列出水土保持措施投资、水土保持补偿费。

报告书后附工程单价分析表。

2. 效益分析

明确水土保持方案实施后，水土流失影响的控制程度，水土资源保护、恢复和合理利用情况，生态环境保护、恢复和改善情况。说明水土流失治理面积、林草植被建设面积、可减少水土流失量、渣土挡护量、表土剥离和保护量。

水土流失治理度、土壤流失控制比、渣土防护率、表土保护率、林草植被恢复率、林草覆盖率六项防治指标计算应符合GB/T 50434相关要求。

（三）接受准则

（1）编制原则正确，依据完整，方法可行，费用构成、单价及费率确定符合规定要求，表格齐全、规范。

（2）投资满足水土流失防治工作需要。

（3）水土保持补偿费计算准确。

（4）效益分析结论可靠，六项防治目标计算正确、达到设计目标要求。

十、水土保持管理

（一）审查内容

组织管理、后续设计、水土保持监测、水土保持监理、水土保持施工、水土保持设施验收共六节。

（二）审查要点

1. 组织管理

提出建设单位应设立水土保持管理机构、落实人员、制定管理制度，建立水土保持档案等要求。明确项目各阶段的水土保持工作任务及落实各项任务的有效方式。

2. 后续设计

提出开展水土保持初步设计、施工图设计的要求。涉及重大变更的，应及时履行变更手续。

3. 水土保持监测

按相关规定提出落实水土保持监测的要求。

4. 水土保持监理

按相关规定提出落实水土保持监理的要求。

5. 水土保持施工

分别提出主体工程施工的水土保持要求和水土保持措施施工的管理要求。

6. 水土保持设施验收

提出水土保持设施验收的程序及相关要求。

（三）接受准则

各项管理措施全面、切实可行。

十一、附表

（一）审查内容

防治责任范围表、防治标准指标计算表、单价分析表。

（二）接受准则

附表数据合理、无漏项。

十二、附件与附图

（一）审查内容

1. 附件

包括项目有关支撑性文件和其他有关文件。

2. 附图

（1）项目地理位置图。应包含行政区划、主要城镇和交通路线。

（2）项目区水系图。应包含主要河流、排灌干渠、水库、湖泊等。

（3）项目总体布置图。应反映项目组成的各项内容。

（4）分区防治措施总体布局图（含监测点位）。

（5）典型措施布设图。

（6）涉及弃渣场的应附弃渣场位置图。

（二）接受准则

（1）附件、附图齐全。

（2）图面清晰，图签齐备，符合规范要求。

第五章　输变电建设项目施工图设计阶段环境保护、水土保持管理

第一节　管 理 流 程

一、管理依据

（1）《输变电建设项目环境保护技术要求》（HJ 1113）；

（2）《生产建设项目水土保持技术标准》（GB 50433）；

（3）《国家电网公司电网建设项目环境影响报告书编报工作规范（试行）》（国家电网科〔2017〕590号）；

（4）《国家电网公司电网建设项目水土保持方案报告书编报工作规范（试行）》（国家电网科〔2019〕92号）；

（5）《国家电网有限公司输变电工程施工图设计内容深度规定　第一部分：110（66）kV智能变电站》（Q/GDW 10381.1）；

（6）国家电网有限公司《环保全过程技术监督精益化管理实施细则》。

二、工作流程

输变电建设项目施工图设计阶段环保管理工作与施工图会审同步进行。由各建设管理单位组织环保及水保验收调查单位进行施工图设计文件与环评报告及水保方案报告进行梳理对比，核实环保、水保措施落实情况及施工图设计文件是否满足施工图设计深度规定要求，同时填写《输变电建设项目施工图设计阶段环水保复核意见表》（见表5-1）并报送环保管理部门、前期管理部门、建设管理部门。

经复核若构成环保、水保重大变动（变更），具体要求参见《输变电建设项目环保、水保重大（变更）变动管理文件》。

经复核若不构成环保、水保重大变动（变更）但需修改施工图的，建设管理单位需组织设计单位修改施工图并进行二次复核。

表 5-1　输变电建设项目施工图设计阶段环水保复核意见表

建设（管理）单位填写人签字：　　　　　　　　　日期：

<table>
<tr><td colspan="4">工程基本信息</td></tr>
<tr><td>项目名称</td><td colspan="3"></td></tr>
<tr><td>建设（管理）单位</td><td></td><td>施工图设计单位</td><td></td></tr>
<tr><td colspan="4">复核情况记录</td></tr>
<tr><td>监督项目</td><td colspan="2">监督要点</td><td>是否存在问题</td></tr>
<tr><td rowspan="3">施工图设计阶段</td><td colspan="2">1. 根据环评报告及批复文件，核实施工图环保措施落实情况，并判断是否存在重大变动</td><td>是/否</td></tr>
<tr><td colspan="2">2. 根据水保方案报告及批复文件，核实施工图水保措施落实情况，并判断是否存在重大变动</td><td>是/否</td></tr>
<tr><td colspan="2">3. 施工图设计文件应满足施工图环保、水保设计内容深度规定</td><td>是/否</td></tr>
<tr><td>若存在问题请说明具体情况</td><td colspan="3"></td></tr>
</table>

第二节　技术要点

（1）查看初设文件及批复、设计图纸、环评报告及批复文件、水保方案报告及批复文件，对施工图设计方案与环评报告及水保方案报告进行梳理对比，核实环保、水保措施落实情况。

（2）查看施工图环境保护专项设计内容，具体内容应包括：目的和意义、专项设计的主要内容、工程概况、主要设计依据、环保措施体系、施工期环保措施、环保措施工程量、环保工程投资、环保措施设计图纸对照表、环保措施典型设计。

（3）查看施工图水土保持专项设计内容，具体内容应包括：目的和意义、专项设计的主要内容、工程概况、主要设计依据、水土流失防治措施体系、水土保持措施工程量、水土保持工程预算、水土保持措施典型设计。

（4）查看施工图设计（主变压器、电抗器安装图，事故油池和生活污水处理装置安装图，挡土墙、排洪沟施工图等）是否满足《国家电网有限公司输变电工程施工图设计内容深度规定》有关环保及水保专项设计内容及深度。

第六章　输变电建设项目

施工阶段环境保护、
水土保持管理

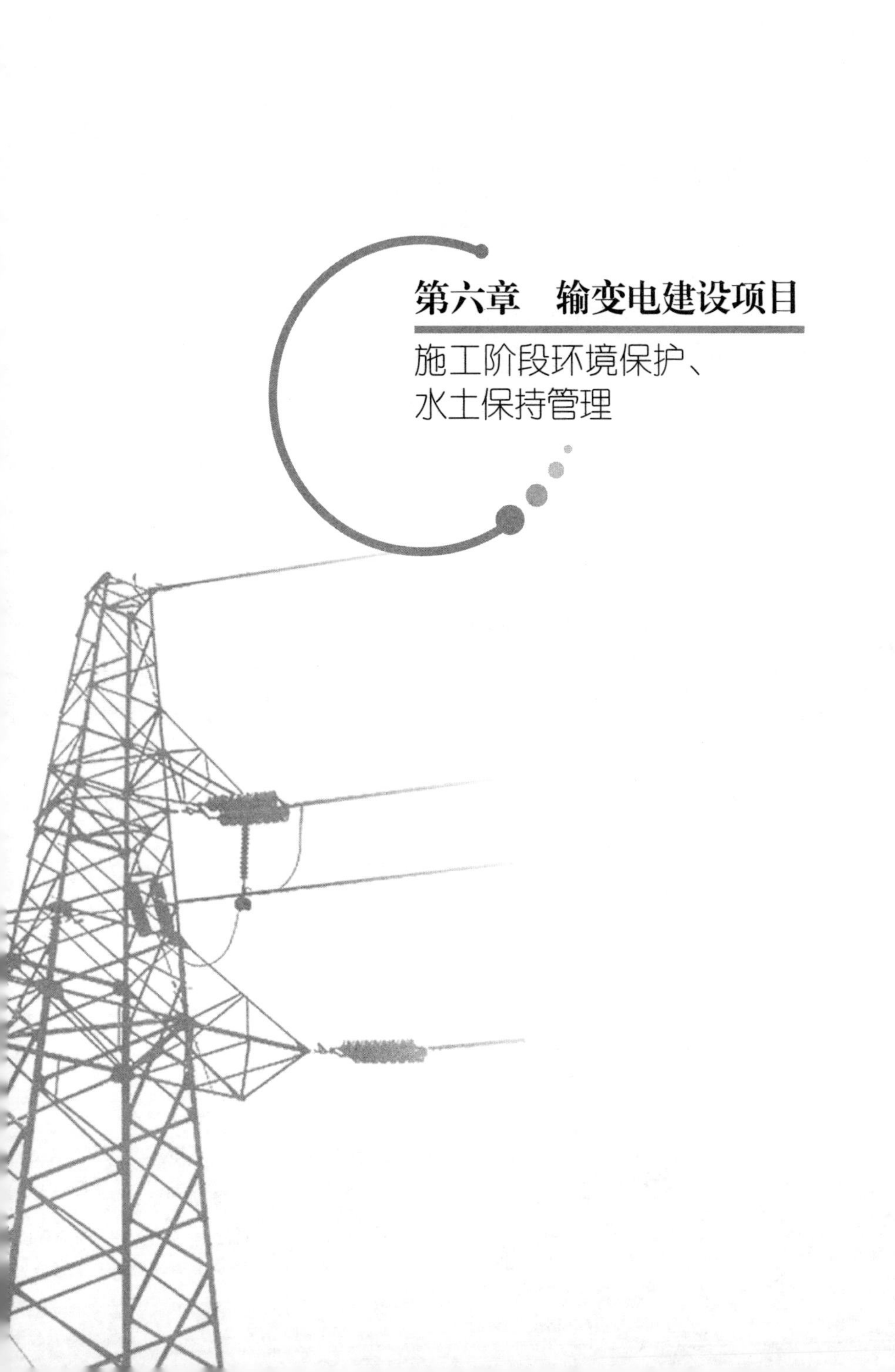

第一节　管 理 流 程

一、管理依据

(1)《输变电建设项目环境保护技术要求》(HJ 1113);

(2)《生产建设项目水土保持技术标准》(GB 50433);

(3)《国家电网公司环境保护技术监督规定》(国网(科/2)539—2014);

(4) 国家电网有限公司《环保全过程技术监督精益化管理实施细则》;

(5)《国家电网有限公司施工项目部标准化管理手册》(2018 版);

(6)《输变电工程安全质量过程控制数码照片管理工作要求》(基建安质〔2016〕56 号)。

二、管理流程

(1) 建设管理单位应根据环评报告、水保方案报告及批复要求,在开工前,以招标形式确定环保及水保验收调查单位、水保监理单位并委托其进行环保或水保专项工作。

(2) 建设管理单位牵头组织施工、设计、监理单位在工程建设过程中严格依照该工程环评报告及水保方案相关要求落实相应环保、水保措施。

(3) 主体工程监理单位在环境专项监理单位(若有)的指导下,完成各项环境监理工作;编制完成本单位的环境监理计划和《环境监理总结》;参加工程环保专项验收。

(4) 主体工程监理单位应根据水保监理单位(若有)的意

见和建议完成水土保持监理工作；编制完成本单位的《水土保持监理总结》；参加水保专项验收。

（5）建设管理单位应定期组织环保、水保验收调查单位开展施工阶段环保、水保专项巡查工作，并填写《输变电建设项目施工阶段环保、水保检查情况表》（见表6－1），建设管理单位应对发现的问题及时组织整改。

（6）建设管理单位在施工过程中应及时留存环保、水保相关照片和影像资料。

（7）当发生环保纠纷、发生环境污染事件（故）时，建设管理单位应按法律法规、规章制度要求或相关应急预案及时采取措施妥善处理。

表6－1　输变电建设项目施工阶段环保、水保检查情况表

填写人签字：　　　　　　　　　日期：

工程基本信息			
项目名称			
建设（管理）单位		施工单位	
环保（水保）验收调查单位			
检查情况记录			
工程阶段	监督检查要点		是否存在问题
施工阶段	1．施工过程中是否实施有效手段防止大型设备噪声扰民		是/否
	2．进入自然保护区和饮用水水源保护区等环境敏感区输电线路是否加强施工过程管理		是/否
	3．是否减少临时占地和临时道路面积，降低工程对附近土壤的扰动和对环境的影响，防止水土流失的发生		是/否
	4．是否减少林木砍伐和植被的损坏，防止破坏生态环境和景观		是/否
	5．弃土、弃渣、临时堆土的临时和永久放置地点是否根据环评报告和水保方案报告以及批复要求进行处理，弃土和取土是否取得相关协议并明确弃土场和取土场的土地整治工作责任		是/否

续表

工程阶段	监督检查要点	是否存在问题
施工阶段	6. 是否严格执行对弃土、弃渣和临时堆土的临时保护措施，防止水土流失和环境污染	是/否
	7. 是否严格执行生熟土分开堆放、回填的施工工艺	是/否
	8. 对于山地、地势陡峭地区或地质条件特殊地区是否采取适宜环保、水保措施，防止发生塌方、水土流失和工程引起的山体滑坡事故	是/否
	9. 处于河网地区和水中基础施工产生的泥浆、弃土、弃渣，是否采用有效方式进行处理，避免发生水体污染和环境破坏	是/否
	10. 工程建设过程中是否实施“拦挡、衬垫、苫盖、压实、喷淋”等临时保护措施	是/否
	11. 施工完毕后是否及时恢复植被	是/否
	12. 是否及时、彻底完成工程拆迁、环保拆迁、复耕和迹地恢复工作	是/否
	13. 是否根据本工程水土保持方案批复要求，在工程开工前缴纳水土保持补偿费	是/否
	14. 环境监理、水保监理、水保监测相关报告是否齐全	是/否
	15. 照片和影像资料是否齐全	是/否
若存在问题请说明具体情况		

第二节 技术要点

一、施工过程环保、水保管理技术要点

（1）施工过程中应实施有效手段防止大型设备噪声扰民。

（2）加强进入自然保护区和饮用水水源保护区等环境敏感区输电线路的施工过程管理。

（3）减少临时占地和临时道路面积，降低工程对附近土壤的扰动和对环境的影响，防止水土流失的发生。

（4）减少林木砍伐和植被的损坏，防止破坏生态环境和景观。

（5）弃土、弃渣、临时堆土的临时和永久放置地点要根据环评报告和水保方案报告以及批复要求进行处理，弃土和取土必须取得相关协议并明确弃土场和取土场的土地整治工作责任。

（6）严格执行对弃土、弃渣和临时堆土的临时保护措施，防止水土流失和环境污染。

（7）严格执行生熟土分开堆放、回填的施工工艺。

（8）对于山地、地势陡峭地区或地质条件特殊地区的塔基回填土和挡墙采取适宜的施工工艺，防止发生塌方、水土流失和工程引起的山体滑坡事故。

（9）处于河网地区和水中基础施工产生的泥浆、弃土、弃渣，采用有效方式进行处理，避免发生水体污染和环境破坏。

（10）工程建设过程中实施“拦挡、衬垫、苫盖、压实、喷淋”等临时保护措施。

（11）施工完毕后及时恢复植被，禁止采用自然恢复方式，并根据水保方案的要求选用适合当地气候、地质条件的植被进行恢复。

（12）保障恢复植被的成活率。

（13）及时、彻底完成工程拆迁、环保拆迁、复耕和迹地恢复工作，具体要求如下：

1）房屋、建筑物本体和基础均属于拆除范围，禁止残留建筑物墙体和基础。

2）房屋、建筑物拆除后须将垃圾全部清除运走，禁止原地掩埋。

3）拆迁后迹地恢复至满足耕种的条件，非耕地情况实施植被恢复措施并保证成活率。

4）拆迁工作以实施完成植被恢复措施为完成节点。

5）采集拆迁前后（包括植被恢复）的数码照片，并收集拆迁协议。

6）确保按时完成拆迁和迹地恢复工作。

（14）采用有效手段避免发生环保、水保投诉事件。

（15）根据本工程水土保持方案批复要求，在工程开工前缴纳水土保持补偿费。

二、环境与水保专项监理、水保监测管理技术要点

（1）环境专项监理开展的主要工作包括：开展环境监理工作；指导主体工程监理单位根据法律、法规和相关行业标准实施环境监理；按照国家、环保部相关要求编制完成《环境监理计划》和《工程环境监理总结》并归档；参加工程环保专项验收。

（2）水保专项监理开展的主要工作包括：根据相关行业的规定开展专项监理工作；指导主体工程监理单位开展水土保持监理工作；编制水土保持季报、年报和《水土保持工程监理总结》并归档；参加水保专项验收。

（3）水保监测单位开展的主要工作包括：在项目开工前向当地水行政主管部门报送《工程水土保持监测实施方案》；每季

度至少进行一次现场监测，及时对监测资料和监测成果进行统计、整理和分析；向建设管理单位、流域和省级水行政主管部门报送上季度《工程水土保持监测季度报告》及相关的影像资料；编制完成《工程水土保持监测报告》；参加水保专项验收。

三、照片和影像资料管理技术要点

（1）工程建设各阶段应拍摄体现环境保护和水土保持主体工程建设前后面貌、拆迁区拆迁前后面貌、表土防护、拦挡防护、临时堆土、临时排水和植被恢复等体现环境保护和水土保持管理、实施过程的照片和影像资料。

（2）数码照片按照《输变电工程安全质量过程控制数码照片管理工作要求》文件的要求拍摄。

（3）照片拍摄和收集单位应按要求分阶段进行整理，并将数码照片和录像资料及时归档。

第七章　输变电建设项目环境保护、水土保持重大变动（变更）管理

第一节　管 理 流 程

一、管理依据

（1）《中华人民共和国环境影响评价法》；

（2）《中华人民共和国水土保持法》；

（3）《建设项目环境保护管理条例》；

（4）《开发建设项目水土保持方案编报审批管理规定》；

（5）环境保护部办公厅关于印发《输变电建设项目重大变动清单（试行）》的通知；

（6）水利部办公厅关于印发《水利部生产建设项目水土保持方案变更管理规定（试行）》的通知；

（7）国家电网有限公司《国网科技部、基建部关于加强跨省非特高压交流电网建设项目环境保护、水土保持重大变动（变更）及验收准备管控工作的通知》（科环〔2020〕27号）。

二、管理流程

（一）设计阶段环保与水保设计复核

（1）在施工图设计文件会审中，建设管理部门、建设管理单位依据输变电建设项目环评报告、水保方案批复文件，对照《输变电建设项目环境保护、水土保持重大变动（变更）管理技术要点》，逐项复核环保与水保变动（变更）情况，填写《输变电建设项目复核意见表》（见表7-1）报送环保管理部门、前期管理部门、建设管理部门。

（2）经设计复核若构成环保、水保重大变动（变更），前期管理部门牵头编制输变电建设项目的变动环评报告、水保变更方案（或补充水保方案），履行内审及报批程序，并及时取得批复文件。

（二）施工阶段环保与水保重大变动（变更）管控

（1）建设管理部门、建设管理单位在管辖范围内发生涉及环保、水保的设计方案变更时，及时组织设计、施工、环境监理、水保监理、水保监测、环评报告编制、水保方案编制等单位进行环保、水保合法性评估和重大变动（变更）风险评估。填写《输变电建设项目风险评估表》（见表7-2）报送环保管理部门、前期管理部门、建设管理部门。

（2）经风险评估若构成环保、水保重大变动（变更），前期管理部门牵头组织编制输变电建设项目变动环评报告、水保变更方案（或补充水保方案），履行相应内审及报批程序，并及时取得批复文件。

对于跨区域项目，经风险评估若变更内容可能构成环保、水保重大变动（变更）时，重大变动（变更）情况由环保管理部门、建设管理部门分别上报上一级对口部门。

表7-1　　输变电建设项目复核意见表

<table>
<tr><td colspan="5">输变电建设项目基本信息</td></tr>
<tr><td colspan="2">项目名称</td><td colspan="3"></td></tr>
<tr><td colspan="2">建设管理单位（盖章）</td><td></td><td>施工图设计单位</td><td></td></tr>
<tr><td colspan="5">复核记录</td></tr>
<tr><td>序号</td><td colspan="3">复核要点</td><td>是否存在变动（变更）</td></tr>
<tr><td colspan="5">环保部分</td></tr>
<tr><td>1</td><td colspan="3">电压等级升高</td><td>是／否</td></tr>
<tr><td>2</td><td colspan="3">主变压器、换流变压器、高压电抗器等主要设备总数量增加超过原数量的30％</td><td>是／否</td></tr>
<tr><td>3</td><td colspan="3">输电线路路径长度增加超过原路径长度的30％</td><td>是／否</td></tr>
<tr><td>4</td><td colspan="3">变电站、换流站、开关站、串补站站址位移超过500m</td><td>是／否</td></tr>
</table>

续表

序号	复核要点	是否存在变动（变更）
	环保部分	
5	输电线路横向位移超出 500m 的累计长度超过原路径长度的 30%	是 / 否
6	因输变电工程路径、站址等发生变化，导致进入新的自然保护区、风景名胜区、饮用水水源保护区等生态敏感区	是 / 否
7	因输变电工程路径、站址等发生变化，导致新增的电磁和声环境敏感目标超过原数量的 30%	是 / 否
8	变电站由户内布置变为户外布置	是 / 否
9	输电线路由地下电缆改为架空线路	是 / 否
10	输电线路同塔多回架设改为多条线路架设累计长度超过原路径长度的 30%	是 / 否
	水保部分	
11	涉及国家级和省级水土流失重点预防区或者重点治理区的	是 / 否
12	水土流失防治责任范围增加 30%以上的	是 / 否
13	开挖填筑土石方总量增加 30%以上的	是 / 否
14	线型工程山区、丘陵区部分横向位移超过 300m 的长度累计达到该部分线路长度的 20%以上的	是 / 否
15	施工道路或者伴行道路等长度增加 20%以上的	是 / 否
16	桥梁改路堤或者隧道改路累计长度 20km 以上的	是 / 否
17	表土剥离量减少 30%以上的	是 / 否
18	植物措施总面积减少 30%以上的	是 / 否
19	水土保持重要单位工程措施体系发生变化，可能导致水土保持功能显著降低或丧失的	是 / 否
20	在水土保持方案确定的废弃砂、石、土、矸石、尾矿、废渣等专门存放地外新设弃渣场的，或者需要提高弃渣场堆渣量达到 20%以上的	是 / 否
	若构成重大变动（变更）需说明变动（变更）具体情况	

审批人： 复核人： 日期：

表 7－2　　输变电建设项目风险评估表

输变电建设项目基本信息			
项目名称			
设计变动内容			
建设管理单位（盖章）		施工图设计单位	

评 估 记 录

序号	评 估 要 点	是否存在变动（变更）
	环 保 部 分	
1	电压等级升高	是 / 否
2	主变压器、换流变压器、高压电抗器等主要设备总数量增加超过原数量的 30％	是 / 否
3	输电线路路径长度增加超过原路径长度的 30％	是 / 否
4	变电站、换流站、开关站、串补站站址位移超过 500m	是 / 否
5	输电线路横向位移超出 500m 的累计长度超过原路径长度的 30％	是 / 否
6	因输变电工程路径、站址等发生变化，导致进入新的自然保护区、风景名胜区、饮用水水源保护区等生态敏感区	是 / 否
7	因输变电工程路径、站址等发生变化，导致新增的电磁和声环境敏感目标超过原数量的 30％	是 / 否
8	变电站由户内布置变为户外布置	是 / 否
9	输电线路由地下电缆改为架空线路	是 / 否
10	输电线路同塔多回架设改为多条线路架设累计长度超过原路径长度的 30％	是 / 否
	水 保 部 分	
11	涉及国家级和省级水土流失重点预防区或者重点治理区的	是 / 否
12	水土流失防治责任范围增加 30％以上的	是 / 否
13	开挖填筑土石方总量增加 30％以上的	是 / 否
14	线型工程山区、丘陵区部分横向位移超过 300m 的长度累计达到该部分线路长度的 20％以上的	是 / 否
15	施工道路或者伴行道路等长度增加 20％以上的	是 / 否

续表

序号	复核要点	是否存在变动（变更）
水保部分		
16	桥梁改路堤或者隧道改路累计长度20km以上的	是／否
17	表土剥离量减少30%以上的	是／否
18	植物措施总面积减少30%以上的	是／否
19	水土保持重要单位工程措施体系发生变化，可能导致水土保持功能显著降低或丧失的	是／否
20	在水土保持方案确定的废弃砂、石、土、矸石、尾矿、废渣等专门存放地外新设弃渣场的，或者需要提高弃渣场堆渣量达到20%以上的	是／否
合规性部分		
21	发生违反环保、水保相关法律法规的变动	是／否
若存在重大变动（变更）风险或违法风险需说明具体情况		

审批人：　　　　复核人：　　　　日期：

第二节 技术要点

一、输变电建设项目环保重大变动技术要点

根据环境保护部《输变电建设项目重大变动清单（试行）》（环办辐射〔2016〕84号）规定：

（1）输变电建设项目发生清单中一项或一项以上，且可能导致不利环境影响显著加重的，界定为重大变动，其他变更界定为一般变动。

（2）建设单位在项目开工建设前应当对工程最终设计方案与环评方案进行梳理对比，构成重大变动的应当对变动内容进行环境影响评价并重新报批，一般变动只需备案。

（3）具体清单内容如下：

1）电压等级升高。

2）主变压器、换流变压器、高压电抗器等主要设备总数量增加超过原数量的30%。

3）输电线路路径长度增加超过原路径长度的30%。

4）变电站、换流站、开关站、串补站站址位移超过500m。

5）输电线路横向位移超出500m的累计长度超过原路径长度的30%。

6）因输变电工程路径、站址等发生变化，导致进入新的自然保护区、风景名胜区、饮用水水源保护区等生态敏感区。

7）因输变电工程路径、站址等发生变化，导致新增的电磁和声环境敏感目标超过原数量的30%。

8）变电站由户内布置变为户外布置。

9）输电线路由地下电缆改为架空线路。

10）输电线路同塔多回架设改为多条线路架设累计长度超

过原路径长度的30%。

二、输变电建设项目水保重大变更技术要点

根据《水利部生产建设项目水土保持方案变更管理规定（试行）》（办水保〔2016〕65号）规定：

（1）水土保持方案经批准后，生产建设项目地点、规模发生重大变化，有下列情形之一的，生产建设单位应当补充或者修改水土保持方案，报水利部审批。

1）涉及国家级和省级水土流失重点预防区或者重点治理区的。

2）水土流失防治责任范围增加30%以上的。

3）开挖填筑土石方总量增加30%以上的。

4）线型工程山区、丘陵区部分横向位移超过300m的长度累计达到该部分线路长度的20%以上的。

5）施工道路或者伴行道路等长度增加20%以上的。

6）桥梁改路堤或者隧道改路累计长度20km以上的。

（2）水土保持方案实施过程中，水土保持措施发生下列重大变更之一的，生产建设单位应当补充或者修改水土保持方案，报水利部审批。

1）表土剥离量减少30%以上的。

2）植物措施总面积减少30%以上的。

3）水土保持重要单位工程措施体系发生变化，可能导致水土保持功能显著降低或丧失的。

（3）在水土保持方案确定的废弃砂、石、土、矸石、尾矿、废渣等专门存放地（以下简称“弃渣场”）外新设弃渣场的，或者需要提高弃渣场堆渣量达到20%以上的，生产建设单位应当在弃渣前编制水土保持方案（弃渣场补充）报告书，报水利部审批。

其中，新设弃渣场占地面积不足1hm^2（0.01km^2）且最大

堆渣高度不高于 10m 的，生产建设单位可先征得所在地县级人民政府水行政主管部门同意，并纳入验收管理。

（4）其他变化纳入水土保持设施验收管理，并符合水土保持方案批复和水土保持标准、规范的要求。

第八章　输变电建设项目竣工环境保护验收阶段管理

第一节 管理流程

一、管理依据

(1)《建设项目竣工环境保护验收暂行办法》;

(2)《电力环境保护技术监督导则》;

(3)《国家电网公司环境保护管理办法》(国网(科/2)642—2018);

(4)《国家电网公司电网建设项目竣工环境保护验收管理办法》(国网(科/3)645—2018(F))。

二、工作流程

输变电建设项目竣工环境保护验收(以下简称"环保验收")管理流程如下:

(1)建设管理单位在输变电建设项目开工前委托环保验收调查单位启动验收调查工作;环保验收调查单位做好施工期的专业咨询工作;输变电建设项目竣工1个月内,应满足验收条件,建设管理单位向环保管理部门提交环保验收申请。

(2)环保管理部门委托环保技术支撑单位组织环保验收调查报告技术审评和现场检查,建设管理单位对技术审评中和现场检查中发现的问题进行整改。

(3)输变电建设项目现场整改结束后,环保验收调查报告修改完善经环保技术支撑单位复核后,环保管理部门组织召开验收会,参会人员包括建设管理部门、建设管理单位、设计单位、施工单位、环境监理单位、环评单位、环保验收调查单位项目负责人以及邀请的专家(不少于3人),会上形成竣工环保验收意见。

（4）环保技术支撑单位在组织召开环保验收调查报告技术审评会的同时，组织建设单位和专家填写环保验收调查单位工作质量评价表（见后文表 11－9～表 11－12），环保技术支撑单位会后汇总后提交省公司环保管理部门。

（5）建设管理单位通过本单位网站依法向社会公开输变电建设项目竣工环保验收相关信息；验收报告公示期满后 5 个工作日，建设管理单位登录全国建设项目竣工环境保护验收信息平台，填报相关信息。

第二节　技术要点

一、工作依据

（1）《中华人民共和国环境保护法》；

（2）《建设项目环境保护管理条例》；

（3）《建设项目竣工环境保护验收暂行办法》；

（4）《建设项目竣工环境保护验收技术规范　输变电》；

（5）《建设项目竣工环境保护验收技术规范　生态影响类》；

（6）《输变电工程环境监理规范》（Q/GDW 11444）；

（7）《国家电网有限公司电网建设项目竣工环境保护验收管理办法》（国家电网企管〔2019〕429号）；

（8）《重点输变电工程竣工环境保护验收工作大纲（试行）》（国家电网科〔2018〕536号）；

（9）电网建设项目（含重大变动）环境影响报告书及其批复文件。

二、提交验收申请

（一）申请条件

根据输变电建设项目建设进度，建设管理单位应及时启动环保验收调查工作。对于验收调查过程中发现的问题，建设管理单位应及时组织整改，建设管理部门负责监督指导。满足下列条件后，方可申请验收：

（1）涉及重大变动的，已落实变动环评批复文件。

（2）进入生态保护红线范围及国家公园、自然保护区、风景名胜区、世界文化和自然遗产地、饮用水水源保护区、海洋特别保护区等环境敏感区的，生态保护措施已落实到位，相关手续完备。

（3）变电站（换流站）污水处理、废（事故）油收集、噪声控制等环境保护设施已建成。

（4）临时占地等相关迹地恢复工作已完成。

（5）环评报告及其批复文件提出的其他环境保护措施已落实。

（6）变电站（换流站）厂界噪声、外排水（污水及冷却水）监测达标，变电站（换流站）和线路涉及的电磁和声环境敏感目标监测达标。

（二）申请材料

满足申请条件后，建设管理单位向环保管理部门提交验收申请，申请材料包括：

（1）验收调查报告（附支持性材料和其他需要说明的事项）。

（2）环境监理总结报告（按环评批复要求）。

（3）环保管理部门要求提交的其他材料。

三、开展技术审评

（一）审评目的

核查输变电建设项目环境保护“三同时”制度落实情况，审查验收调查报告与相关技术规范的相符性，为验收审批提供依据。

（二）组织形式

环保技术支撑单位以审评会的形式组织对验收调查报告进行技术审评。

（三）审评流程

1. 预审

收到环保管理部门审评委托后，环保技术支撑单位对验收调查报告进行预审，预审发现重大遗留问题的，不予开展后续审评工作并及时向公司环保管理部门汇报，建设管理单位应整改完成后重新提交验收申请。

出现下列情况之一的视为重大遗留问题：

（1）涉及重大变动但未落实变动环评批复文件。

（2）进入生态保护红线范围及国家公园、自然保护区、风景名胜区、世界文化和自然遗产地、饮用水水源保护区、海洋特别保护区等环境敏感区的，生态保护措施未落实到位，相关手续不完备。

（3）变电站（换流站）污水处理、废（事故）油收集、噪声控制等环境保护设施未建成。

（4）临时占地等相关迹地恢复工作未按要求完成。

（5）环评报告及其批复文件提出的其他环境保护措施未落实。

（6）变电站（换流站）厂界噪声、外排水（污水及冷却水）监测超标，变电站（换流站）和线路涉及的电磁和声环境敏感目标监测超标。

（7）验收调查报告的基础资料数据明显不实，内容存在重大缺项、遗漏等不符合相关技术规范。

（8）违反环境保护法律法规受到处罚，被责令改正，尚未改正完成的，或存在其他不符合环境保护法律法规等情形。

2. 会议审评

预审通过后，环保技术支撑单位以审评会的方式组织专家对报告进行技术审评，提出审查意见，确定问题清单和修改意见，并形成技术审评意见。

3. 问题整改及报告修改复核

对于技术审评中发现的遗留问题，建设管理单位要及时组织完成整改，并督促验收调查单位对照问题清单和修改意见，逐条修改完善验收调查报告，填写修改说明，报送环保技术支撑单位复核。

（四）审评要点

重点审评环境保护手续履行情况、环境保护设施和环境保护措施落实情况、生态环境影响情况、电磁和声环境影响及监测情况、水环境和固体废物影响情况、突发环境事件防范及应急措施落实情况、环境管理与监测计划落实情况、调查结论与建议等内容，提出整改、完善建议。具体包括：

1. 前言

工程总体情况介绍是否全面、准确。应包括项目名称、建设性质、建设地点、内容及规模；建设单位；环评报告编制时间及编制单位；环评报告、项目核准、初步设计的批复时间、批复文号；项目开工、竣工、环境保护设施调试时间；委托验收调查单位、时间；现场调查、监测时间和单位；重大变动批复情况（如有）；如项目性质为改扩建，介绍原有各期项目环境保护审批手续履行情况。

2. 综述

报告编制依据是否全面，调查原则及方法是否合理，调查范围、验收标准是否准确，环境敏感目标信息是否全面、准确。

编制依据应包括法律法规、部门规章、地方性法规、技术标准、项目有关文件，并引用最新版本。

调查范围原则上与环评范围一致，当建设项目实际建设内容发生变更、环评文件未能全面反映出项目建设的实际环境影响时，应结合现场踏勘对调查范围进行适当调整。

对于验收标准，环境质量评价应执行现行有效的环境质量标准；污染物排放标准原则上执行环评标准，若新标准对建设项目执行该标准有明确时限要求的，按新标准执行。

对于电磁和声环境敏感目标，应以验收调查范围内自然村为单位，明确名称、功能、分布、数量、建筑物楼层、高度、导线对地高度、环评阶段与项目的位置关系、验收调查阶段与项目的位置关系；如位置关系发生变化，应备注变化原因；验收调查范围内有公众居住、工作或学习的建筑物都应列为环境敏感目标。

对于生态和水环境敏感区，应明确工程涉及的国家公园、自然保护区、风景名胜区、世界文化和自然遗产地、饮用水水源保护区、海洋特别保护区等环境敏感区的名称、行政区、级别、保护对象、主管部门、环评阶段与项目的位置关系、验收调查阶段与项目的位置关系；如位置关系发生变化，应备注变化原因。

3. 建设项目调查

建设项目调查是否全面、准确，环境保护手续是否依法合规。

应包括项目名称、建设性质、建设地点、建设内容及规模、占地规模、总平面布置、线路路径、主要技术经济指标、项目建设过程及参建单位、项目总投资和环境保护投资、项目运行工况、建设项目变动情况。

如涉及重大变动，应落实变动环评批复；如已落实变动环评批复，介绍项目变更情况时应以变动环评报告中的工程内容为比较对象。

4. 环境保护设施、环境保护措施落实情况调查

建设项目环境保护“三同时”制度执行情况、环境保护设施建成情况、环境保护措施落实情况、环评报告及其批复文件要求落实情况调查是否全面、准确，各项要求是否已落实。

环评报告要求落实情况调查应对照环评报告要求的环境保护设施、环境保护措施，分别说明项目在选址选线、设计、施工、运行阶段对生态影响、污染影响所实施的环境保护设施、环境保护措施落实情况。

环评批复文件要求落实情况调查应对照环评批复文件逐条说明项目环境保护要求落实情况。

环评报告及其批复文件的各项要求应已落实，并应对项目建设过程中环境影响评价制度、环境保护“三同时”制度落实情况进行评述。

5. 生态影响调查

调查内容是否全面、结果分析是否合理、生态保护措施是否已落实。

调查内容应包括生态环境敏感区的状况和建设项目占地情况。对于生态环境敏感区，应提供适当比例的敏感区位置图，注明建设项目相对位置、区域位置和边界；对于工程占地，应包括临时占地、永久占地，说明占地类型、面积、用途，取土场（弃土场）及生态恢复情况。调查结果分析参照HJ 19和HJ/T 394。

6. 电磁环境影响、声环境影响调查

调查内容是否全面、监测方法是否合理、监测结果是否达标可信。

电磁环境影响调查内容应包括电磁环境影响源项情况和电磁环境保护设施、电磁环境保护措施落实情况；监测因子及监测频次、监测方法及监测布点、监测环境条件、监测仪器及工况；电磁环境敏感目标、厂界、线路断面的电磁环境监测结果及达标情况分析。

声环境影响调查内容应包括噪声源项情况、声环境功能区划情况和噪声防治设施、噪声防治措施落实情况；监测因子及监测频次、监测方法及监测布点、监测环境条件、监测仪器及工况；厂界噪声和声环境敏感目标声环境质量监测结果及达标情况分析。

7. 水环境影响、固体废物影响、突发环境事件防范及应急措施调查

调查内容是否全面，调查结果分析是否合理可信。

水环境影响调查内容应包括变电站、换流站、开关站、串补站污水（冷却水）产生量，处理后的回用量、排放量及排放或污水清运情况，处理设施类型、处理工艺、处理能力，项目所在地表水环境功能区划、项目受纳水体环境功能区划，验收调查范围内水环境敏感区的分布及项目建设对其影响情况，分

析污水处理设施和措施的有效性、可靠性。污水或冷却水外排的，应进行监测并分析外排达标情况。

固体废物影响调查内容应包括项目施工期施工弃土、施工建筑垃圾及施工人员生活垃圾等的处理处置方式，变电站换流站、开关站、串补站运行期废蓄电池、废矿物油和工作人员生活垃圾等的处理处置方式并明确处置、处理要求，建设项目施工迹地、临时占地的清理恢复情况，拆迁迹地土地平整及无建筑垃圾遗留情况。分析固体废物处理措施的有效性。

突发环境事件防范及应急措施调查内容应包括运行期变电站（换流站）变压器、高抗等设备绝缘油外泄污染突发事件应急预案、事故油池等应急设施和措施、事故油池巡查和维护管理制度是否完善，并分析建设项目风险防范措施与应急预案的有效性。

8. 环境管理与监测计划落实情况调查

调查内容是否全面，调查结果分析是否合理可信，环境管理与监测计划是否已落实。

调查内容应包含施工期和环境保护设施调试期两个阶段，包括建设单位、施工单位及运行单位环境保护管理机构及规章制度制定、执行情况，环境保护人员专（兼）职设置情况、环境监测计划落实情况、建设单位环境保护相关档案资料的齐备情况、环评报告和设计文件中要求建设的环境保护设施运行管理情况。

调查结果分析应重点分析建设单位环境保护“三同时”制度的执行情况、环境管理规章制度、环境监测计划落实情况等。

环境管理与监测计划应已落实。

9. 调查结论与建议

调查结论是否全面、准确。

调查结论应包括全部调查工作的总结论，需概括和总结全部工作。总结输变电建设项目设计文件、环境影响评价文件及其批复文件中提出的环境保护要求的落实情况。重点概括说明项目建成后产生的主要环境问题及现有环境保护设施及环境保护措施的有效性，在此基础上提出改进措施和建议。根据调查、监测和分析的结果，客观、明确地从技术角度论证建设项目是否符合竣工环境保护验收条件，包括：①建议通过竣工环境保护验收；②若不符合验收条件，应在验收结论中明确建设项目存在的主要问题，并提出有整改要求或建议，限期整改后，进行竣工环境保护验收。

10. 附件及支持性材料

文件是否齐全、内容是否准确。

应包括环评批复文件、项目核准文件、初设批复文件、前期验收批复文件（改扩建工程）、竣工环境保护验收监测报告、“三同时”验收登记表、电磁和声环境敏感目标与工程位置关系示意图（附现场照片）等。

11. 其他需要说明的事项

内容是否完整、准确。

应如实记载环境保护设计、施工和验收过程简况，涉及委托政府开展拆迁及迹地恢复等措施的实施情况。

四、组织现场检查

（一）检查目的

通过现场踏勘和查阅资料，检查环评报告及其批复文件要求的落实情况，核查环境保护设施（措施）与验收调查报告的一致性，为验收审批提供依据。

（二）组织形式

环保技术支撑单位组织开展验收现场检查，参加人员包括公司环保管理部门、建设管理部门，建设管理单位，施工单位，环境监理单位，验收调查单位等单位代表及特邀专家。

（三）检查流程

1. 检查前准备

根据建设项目概况、环境保护目标、环评报告及其批复文件、验收调查报告、环境监测报告、历次专项检查（督察）报告、公众投诉情况等，结合技术审评情况确定现场检查重点和路线，确定检查组成员，印发检查通知，确定具体检查要求、方式和分工。

检查点位覆盖原则如下：所有变电站（换流站），主要生态敏感区，部分临时占地（牵张场、塔基区等）和拆迁迹地，涉及环境保护投诉或监测值接近标准限值的电磁和声环境敏感目标。

2. 现场检查

对照环评报告及其批复文件、验收调查报告，重点检查各变电站（换流站）的环境保护设施（措施）落实情况，主要生态敏感区的生态保护设施（措施）落实情况，所抽查的临时占地和拆迁迹地恢复情况，所抽查的电磁和声环境敏感目标情况。

发现问题应及时与建设管理单位沟通，了解问题成因和整改安排。

3. 总结汇报

现场检查后集中工作，如实、客观总结检查情况，并及时向环保管理部门汇报。

（四）检查要点

对照环评报告及其批复文件、验收调查报告，结合验收技术规范和工作要求，重点检查以下内容：

1. 变电站（换流站）工程

（1）降噪设施（隔声屏、隔声罩等）是否已按要求建成，加高围墙等噪声控制措施是否落实到位。

（2）污水处理设施是否已按要求建成，污水经处理后处置方式（纳管、回用、定期清运、达标后外排）是否符合要求，应提供污水处理设施调试报告。

（3）事故油收集系统是否已按要求建成；事故油池数量、容量是否符合要求。

（4）周边施工生产生活区等临时占地是否恢复。

（5）站区绿化是否按要求实施。

（6）建筑垃圾和生活垃圾是否及时清运。

2. 输电线路工程

（1）电磁和声环境敏感目标情况是否与验收调查报告描述一致。

（2）涉及生态保护红线范围及国家公园、自然保护区、风景名胜区、世界文化和自然遗产地、饮用水水源保护区、海洋特别保护区等环境敏感区的线路段，是否落实了环评报告及其批复文件、主管部门批复文件、相关专题评估报告中的有关保护措施，相关手续是否完备。

（3）拆迁迹地和临时占地（牵张场、塔基区等）是否恢复。对于委托政府部门拆迁但迹地尚未恢复的，应提供相关拆迁协议。

五、提交审评意见

环保技术支撑单位根据技术审评和现场检查情况，向环保管理部门提交技术审评意见。审评意见包括审评过程、工程基本情况、验收调查结果、验收调查报告修改情况、现场检查情况以及审评结论等内容。审评结论分为以下三种情况：

（1）不存在遗留问题的，审评结论为满足验收条件，建议提交验收会审议。

（2）存在一般遗留问题的，审评结论为基本满足验收条件，建议遗留问题整改完成后提交验收会审议。

建设管理单位应及时组织完成整改，提交整改情况说明，环保技术支撑单位复核满足验收条件后，报送环保管理部门。

（3）存在重大遗留问题的，审评结论为不满足验收条件，建议整改完成后重新提交验收申请。

建设管理单位应及时组织整改，整改完成后重新提交验收申请。

六、召开验收会

满足验收条件的，环保管理部门适时组织召开验收会。

（一）会议目的

贯彻执行《建设项目环境保护管理条例》和《建设项目竣工环境保护验收暂行办法》等要求，依据技术审评意见和整改情况说明（如有），审议项目环境保护设施（措施）落实情况，形成验收意见。

（二）主要议程

（1）成立验收组。

（2）建设管理单位汇报工程建设和环境保护设施（措施）落实情况。

（3）环境监理单位汇报环境监理情况。

（4）验收调查单位汇报验收调查情况。

（5）环保技术支撑单位汇报验收调查报告技术审评和现场检查情况。

（6）专家咨询审议。

（7）会议讨论，形成验收意见。

（三）验收意见

验收意见包括工程建设基本情况、工程变动情况、环境保护设施（措施）落实情况、环境保护设施调试效果、工程建设对环境的影响、验收结论和后续要求等内容。

七、依法信息公开

验收通过后，建设管理单位应通过其网站或其他便于公众知晓的方式公开验收报告，公示期限不得少于20个工作日。

验收报告经公示无问题的，公示期满后5个工作日内，建设管理单位应登录全国建设项目竣工环境保护验收信息平台，填报建设项目基本信息、环境保护设施（措施）验收情况等相关信息。

公示期间发现确实存在问题的，建设管理单位应组织整改，并向环保管理部门提交整改情况说明，审核通过后重新公示并填报相关信息。

八、印发验收意见

上述工作完成后，环保管理部门印发验收意见。

九、其他要求

环境保护行政主管部门对于噪声、固废验收有特殊要求的，按其要求执行。

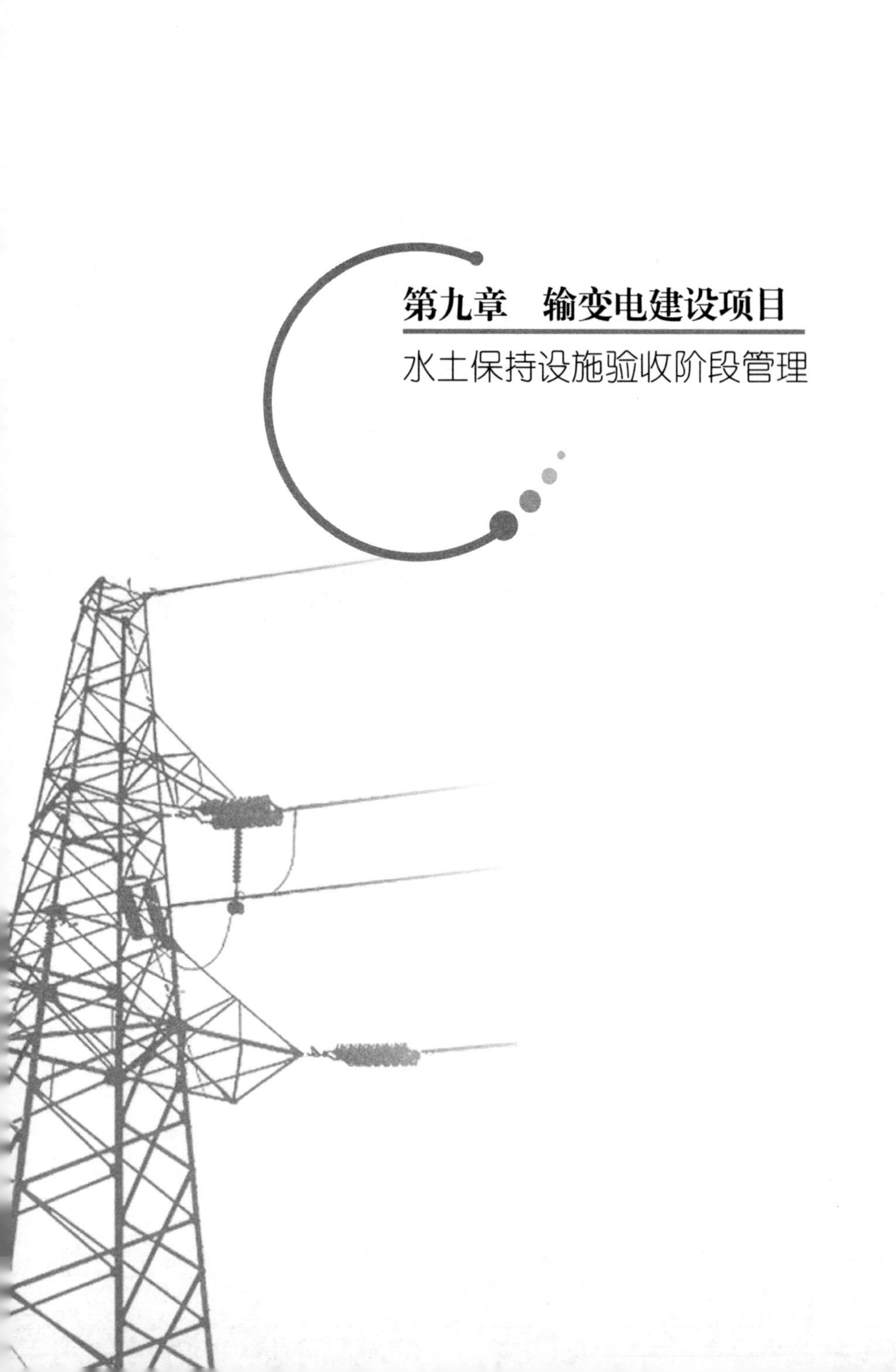

第九章　输变电建设项目

水土保持设施验收阶段管理

第一节　管 理 流 程

一、管理依据

（1）《生产建设项目水土保持设施自主验收规程（试行）》；

（2）《生产建设项目水土保持设施自主验收监督管理办法》；

（3）《国家电网有限公司电网建设项目水土保持设施验收管理办法》（国网（科/3）970—2019（F））；

（4）《国家电网有限公司电网建设项目水土保持管理办法》（国网（科/3）643—2019（F））；

（5）《国家电网公司环境保护管理办法》（国网（科/2）642—2018）。

二、工作流程

输变电建设项目水土保持设施验收（以下简称“水保验收”）管理流程如下：

（1）建设管理单位在输变电建设项目开工前委托水保验收调查单位启动验收调查工作；水保验收调查单位做好施工期的专业咨询工作；输变电建设项目竣工1个月内，应满足验收条件，建设管理单位向环保管理部门提交水保验收申请。

（2）环保管理部门委托环保技术支撑单位组织水保验收报告、水土保持监测总结报告（以下简称“监测报告”）技术审评和现场检查，建设管理单位对技术审评中和现场检查中发现的问题进行整改。

（3）环保技术支撑单位在组织召开水保验收报告、监测报告技术审评会的同时，组织建设管理单位和专家填写水保验收报告编制单位工作质量评价表（见后文表 11－13～表 11－16）、水保监测单位工作质量评价表（见后文表 11－17～表 11－20），会后汇总后提交环保管理部门。

（4）输变电建设项目现场整改结束后，水保验收报告、监测报告修改完善经环保技术支撑单位复核后，环保管理部门组织召开验收会，参会人员包括建设管理部门、建设管理单位、设计单位、施工单位、水保监理单位、水保监测单位、水保方案报告编制单位、水保验收单位项目负责人以及邀请的专家（不少于 3 人），会上形成水保验收意见。

（5）建设管理单位通过本单位网站依法向社会公开输变电建设项目水保验收相关信息；输变电建设项目投产使用前，向水土保持方案审批机关报备水保验收材料。

第二节　技 术 要 点

一、工作依据

(1)《中华人民共和国水土保持法》;

(2)《水利部关于加强事中事后监管规范生产建设项目水土保持设施自主验收的通知》(水保〔2017〕365 号);

(3)《水利部办公厅关于印发生产建设项目水土保持设施自主验收规程(试行)的通知》(办水保〔2018〕133 号);

(4)《水利部办公厅关于进一步加强生产建设项目水土保持监测工作的通知》(办水保〔2020〕161 号);

(5) 关于印发《生产建设项目水土保持方案技术审查要点》的通知(水保监〔2020〕63 号);

(6)《生产建设项目水土保持技术标准》(GB 50433);

(7)《生产建设项目水土流失防治标准》(GB/T 50434);

(8)《生产建设项目水土保持监测与评价标准》(GB/T 51240);

(9)《水土保持工程质量评定规程》(SL 336);

(10)《输变电项目水土保持技术规范》(SL 640);

(11)《水土保持工程施工监理规范》(SL 523);

(12) 重点输变电工程水土保持设施验收工作大纲(试行)(国家电网科〔2018〕536 号);

(13)《国家电网有限公司电网建设项目水土保持设施验收管理办法》(国家电网科〔2019〕550 号);

(14) 输变电建设项目(含重大变更)水土保持方案报告书及其批复文件。

二、提交验收申请

（一）申请条件

根据输变电建设项目建设进度，建设管理单位及时组织验收报告编制单位启动验收调查工作。对于验收调查过程中发现的问题，建设管理单位应及时组织整改，建设管理部门负责监督指导。满足下列条件后，方可申请验收：

（1）已依法依规履行水土保持方案及重大变更的编报审批程序。

（2）已依法依规开展水土保持监测工作，并编制完成监测报告。

（3）已依法依规开展水土保持监理工作，并编制完成监理报告。

（4）废弃土石渣已堆放在经批准的水土保持方案确定的专门存放地。

（5）水土保持措施体系、等级和标准已按经批准的水土保持方案要求落实。

（6）水土流失防治指标已达到经批准的水土保持方案要求。

（7）水土保持分部工程和单位工程经质量评定合格。

（8）已依法依规缴纳水土保持补偿费。

（二）申请材料

满足申请条件后，建设管理单位向环保管理部门提交验收申请，申请材料包括：

（1）验收报告［提供验收阶段所有塔基的远景、近景（含各个方位）影像资料，所有牵张场、跨越场、山丘区施工道路影像资料］。

（2）监测报告。

（3）水土保持监理总结报告。

（4）环保管理部门要求提交的其他材料。

三、开展技术审评

（一）审评目的

核查输变电建设项目水土保持“三同时”制度的落实情况，审查验收报告及监测报告与相关技术规范的相符性，为验收审批提供依据。

（二）组织形式

环保技术支撑单位以审评会的形式组织对验收报告和监测报告进行技术审评。

（三）审评流程

1. 预审

收到环保管理部门审评委托后，环保技术支撑单位对验收报告和监测报告进行预审，并通过遥感影像、现场照片等资料筛查可能存在的遗留问题。预审发现重大遗留问题的，不予开展后续审评工作并及时向环保管理部门汇报，建设管理单位应整改完成后重新提交验收申请。

出现下列情况之一的视为重大遗留问题：

(1) 未依法依规履行水土保持方案及重大变更的编报审批程序。

(2) 未依法依规完成水土保持监测工作。

(3) 未依法依规完成水土保持监理工作。

(4) 废弃土石渣未堆放在经批准的水土保持方案确定的专门存放地。

(5) 水土保持措施体系、等级和标准未按经批准的水土保持方案要求落实。

(6) 水土流失防治指标未达到经批准的水土保持方案要求。

(7) 水土保持分部工程和单位工程未经验收或验收不合格。

(8) 验收报告、监测报告等材料弄虚作假或存在重大技术问题。

(9) 未依法依规缴纳水土保持补偿费。

(10) 违反水土保持法律法规受到处罚，被责令改正，尚未改正完成，或存在其他不符合相关法律法规规定情形。

2. 会议审评

预审通过后，环保技术支撑单位以审评会的方式组织专家对报告进行技术审评，提出审查意见，确定问题清单和修改意见，并形成技术审评意见（初稿）。

3. 问题整改及报告修改复核

对于技术审评中发现的遗留问题，建设管理单位要及时组织完成整改，并督促验收报告编制单位及水土保持监测单位对照问题清单和修改意见，逐条修改完善验收报告及监测报告，填写修改说明，报送环保技术支撑单位复核。

(四) 审评要点

重点审评水土保持手续履行情况、水土保持设施（措施）落实情况、水土保持监测情况、余土处置情况、水土流失防治指标达标情况、水土保持补偿费缴纳情况等内容，提出整改、完善建议。具体包括：

1. 验收报告

(1) 前言：工程总体情况介绍是否全面、准确。

应包括输变电建设项目背景、立项和建设过程，简要说明水土保持方案审批、水土保持后续设计、监测、监理以及水土保持分部工程、单位工程验收情况等。

(2) 项目及项目区概况：内容介绍是否全面、准确。

项目概况应包括工程地理位置、主要技术指标、项目组成及布置、施工组织及工期、项目投资、征占地情况、土石方情况、拆迁安置与专项设施改（迁）建情况。

项目区概况应包括自然条件、水土流失及防治情况。

(3) 水土保持方案和设计情况：内容介绍是否全面、准确，水土保持手续是否依法合规。

应包括主体工程设计、水土保持方案编报审批、水土保持方案变更、水土保持后续设计等内容。

如涉及重大变更，应落实变更水土保持方案批复；如已落实变更水土保持方案批复，介绍工程变更情况时应以变更水土保持方案中的工程内容为比较对象。

(4) 水土保持方案实施情况：内容介绍是否全面、准确，实施情况是否满足水土保持方案要求。

应包括水土流失防治责任范围、取（弃）土场、水土保持措施总体布局、水土保持设施和水土保持投资完成情况。应对照水土保持方案，说明变化情况和变化原因。

(5) 水土保持工程质量：内容介绍是否全面、准确，水土保持工程质量是否合格。

应介绍建设单位、设计单位、监理单位、质量监督单位、施工单位质量保证体系和管理制度；介绍各防治分区水土保持单位工程、分部工程、单元工程划分过程及划分结果，说明水土保持工程质量评定结果，说明总体质量评价结论。

水土保持工程划分、质量评定等应合理可信，工程措施外观和效果应达标，植物措施的数量和效果应符合要求。

(6) 初期运行及水土保持效果：内容介绍是否全面、准确，水土保持效果是否满足水土流失防治标准要求。

应介绍初期运行情况，并说明水土流失治理度、土壤流失控制比、渣土防护率、表土保护率、林草植被恢复率、林草覆盖率六项防治指标计算结果，以及公众满意度调查情况。

上述六项指标应计算合理，结果达标。

(7) 水土保持管理：内容介绍是否全面、准确，管理是否完善。

应介绍组织领导、规章制度、建设管理、水土保持监测、水土保持监理、水行政主管部门监督检查意见落实情况、水土保持补偿费缴纳情况、水土保持设施管理维护情况。

管理体系应系统完善，水行政主管部门监督检查意见应已落实，水土保持补偿费应已足额缴纳，水土保持设施应管理维护良好。

(8) 结论及下阶段工作安排：是否达到批复水土保持方案要求、是否存在遗留问题。

结论中应明确是否达到批复水土保持方案要求，给出水土保持设施是否符合验收合格条件的结论。如存在遗留问题，应提出整改完善的意见和建议。

(9) 附件附图：资料是否齐全，内容是否准确。

附件应包括项目建设及水土保持大事记、项目立项文件、水土保持方案（含重大变更）批复文件、水土保持初设审批资料、水行政主管部门监督检查意见、分部工程和单位工程验收签证资料、重要水土保持单位工程验收核查照片、其他有关资料；附图应包括主体工程总平面图、水土流失防治责任范围及水土保持措施布设竣工验收图、项目建设前后遥感影像图、其他相关图件。

2. 监测报告

(1) 前言：内容介绍是否全面、准确。

应包括项目情况、水土保持监测过程及成果等，并附水土保持监测特性表。

(2) 建设项目及水土保持工作概况：内容介绍是否全面、准确。

应包括项目基本情况、项目区概况、水土保持工作情况，以及监测实施方案执行情况、监测项目部设置、监测点布设、监测设施设备、监测技术方法、监测成果提交情况等监测工作实施情况。

(3) 监测内容和方法：监测内容是否全面、监测方法是否合理。

监测内容应包括扰动土地、取（弃）土、水土保持措施、水土流失情况，应说明各项监测内容的监测频次与方法。

(4) 重点对象水土流失动态监测：监测方法是否合理、监测结果是否可信。

应包括水土流失防治责任范围、建设期扰动土地面积、取（弃）土场占地面积、取（弃）土量、土石方流向情况等监测结果，以及大型开挖填筑区、施工道路及临时堆土场等重点部位的监测结果。

（5）水土流失防治措施监测结果：监测结果是否可信，是否符合水土保持方案及其批复文件要求。

应包括工程措施、植物措施、临时措施的设计情况、分年度实施情况、监测结果，以及水土保持措施防治效果。

（6）土壤流失情况监测：监测方法是否合理、监测结果是否可信。

应包括水土流失面积、土壤流失量、取（弃）土潜在土壤流失量的监测及计算结果，以及水土流失危害的时间、地点、面积、对周边造成的影响以及处理情况。

（7）水土流失防治效果监测结果：监测结果是否可信、防治效果是否达标。

应包括水土流失治理度、渣土防护率、表土保护率、土壤流失控制比、林草植被恢复率、林草覆盖率的计算依据及计算结果。

上述六项指标应达到水土保持方案提出的防治标准。

（8）结论：结论描述是否全面、是否存在遗留问题。

应包括水土流失动态变化、水土保持措施评价、存在问题及建议以及综合结论。

如存在遗留问题，应提出整改完善的意见和建议。

综合结论应根据六项指标达标情况，说明项目达到的防治标准和水土保持设施运行情况，并明确给出“绿黄红”三色评价结论。

（9）附图及有关资料：资料是否齐全，内容是否准确。

附图应包括项目区地理位置图、监测分区及监测点布设图、防治责任范围图、取料场（弃渣场）分布图；有关资料应包括水土保持措施实施前后对比照片、临时防护措施实施情况照片等监测影像资料（标注拍摄时间、地点）、监测季度报告、其他监测工作相关的资料。

四、组织现场检查

（一）检查目的

通过现场踏勘和查阅资料，检查水土保持方案及其批复文件要求的落实情况，核查水土保持设施（措施）与验收报告的一致性，为验收审批提供依据。

（二）组织形式

环保技术支撑单位组织开展验收现场检查，参加人员包括环保管理部门、建设管理部门，建设管理单位，施工单位，水土保持监理单位，水土保持监测单位，验收报告编制单位等单位代表及特邀专家参加。

（三）检查流程

1. 检查前准备

按照“全线普查＋重点抽查”的原则开展工作。全线普查现场影像资料，根据建设项目概况、水土保持方案及其批复文件、水土保持监理报告、监测报告、验收报告、历次专项检查（督察）报告，结合技术审评情况确定现场检查重点和路线，确定检查组成员，印发检查通知，确定具体检查要求、方式和分工。

检查点位覆盖原则如下：山丘区为主，平原区为辅，所有变电站（换流站），通过影像资料核查发现可能存在问题的塔基、牵张场、跨越场、施工道路等区域，水行政主管部门督查存在问题的区域。

2. 现场检查

对照水土保持方案及其批复文件、验收报告，重点检查各变电站（换流站）的水土保持设施（措施）落实情况，所抽查的塔基、牵张场、跨越场、施工道路的水土保持设施（措施）

落实情况。

发现问题应及时和建设管理单位沟通，了解问题成因和整改安排。

3. 总结汇报

现场检查后集中工作，如实、客观总结检查情况，并及时向环保管理部门汇报。

（四）检查要点

对照水土保持方案报告及其批复文件、验收报告，结合水土保持验收技术规程和工作要求，重点检查以下内容：

(1) 变电站（换流站）挡土墙、护坡、截（排）水沟、沉沙池、碎石压盖、站内绿化、排水管线、进站道路绿化、站内硬化等水土保持措施是否落实。

(2) 变电站（换流站）站外施工生产生活区土地整治、植被恢复或复耕是否完成。

(3) 塔基区余土处置是否到位，挡土墙、截（排）水沟等是否落实，土地整治、植被恢复或复耕是否完成。

(4) 牵张场、跨越场、施工道路等区域土地整治、植被恢复或复耕是否完成。

五、提交审评意见

环保技术支撑单位根据技术审评和现场检查情况，向环保管理部门提交技术审评意见。审评意见包括审评过程、工程基本情况、验收调查情况、验收报告和监测报告修改情况、现场检查情况以及审评结论等内容。审评结论分为以下三种情况：

(1) 不存在遗留问题的，审评结论为满足验收条件，建议提交验收会审议。

(2) 存在一般遗留问题的，审评结论为基本满足验收条件，建议遗留问题整改完成后提交验收会审议。

建设管理单位应及时组织完成整改，提交整改情况说明，经环保技术支撑单位复核满足验收条件后，报送环保管理部门。

（3）存在重大遗留问题的，审评结论为不满足验收条件，建议整改落实后重新提交验收申请。

建设管理单位应及时组织整改，整改完成后重新提交验收申请。

六、召开验收会

满足验收条件的，环保管理部门适时组织召开验收会。

（一）会议目的

贯彻执行《水利部关于加强事中事后监管规范生产建设项目水土保持设施自主验收的通知》（水保〔2017〕365号）等要求，依据技术审评意见和整改情况说明（如有），审议项目水土保持设施（措施）落实情况，形成验收鉴定书。

（二）主要议程

（1）成立验收组。

（2）建设管理单位汇报工程建设和水土保持设施（措施）落实情况。

（3）水土保持监理单位汇报水土保持监理情况。

（4）水土保持监测单位汇报水土保持监测情况。

（5）验收报告编制单位汇报验收调查情况。

（6）环保技术支撑单位汇报验收报告、监测报告技术审评和现场检查情况。

（7）专家咨询审议。

（8）会议讨论，形成验收鉴定书。

（三）验收鉴定书

验收鉴定书包括生产建设项目水土保持验收基本情况表、验收意见和验收组成员签字表三部分内容。其中：

（1）基本情况表中需如实记载水土保持方案批复机关、文号及时间，水土保持初步设计批复机关、文号及时间，项目建设起止时间，水土保持方案编制、水土保持初步设计、水土保持监测、水土保持监理、水土保持施工、验收报告编制等单位信息。

（2）验收意见应包括验收会议工作情况、项目概况、水土保持方案批复情况、水土保持设计情况、水土保持监测情况、验收报告编制情况及主要结论、验收结论、后续管护要求等内容。

七、依法信息公开及报备

验收通过后，建设管理单位应当通过其官方网站或其他便于公众知悉的网站公开验收鉴定书、验收报告和监测报告，公示期限不得少于20个工作日。

公示无问题的，在验收通过3个月内，由建设管理单位向水土保持方案审批机关进行验收材料报备。

八、印发验收鉴定书

上述工作完成后，环保管理部门印发验收鉴定书。

第十章　输变电建设项目水土保持补偿费缴纳管理

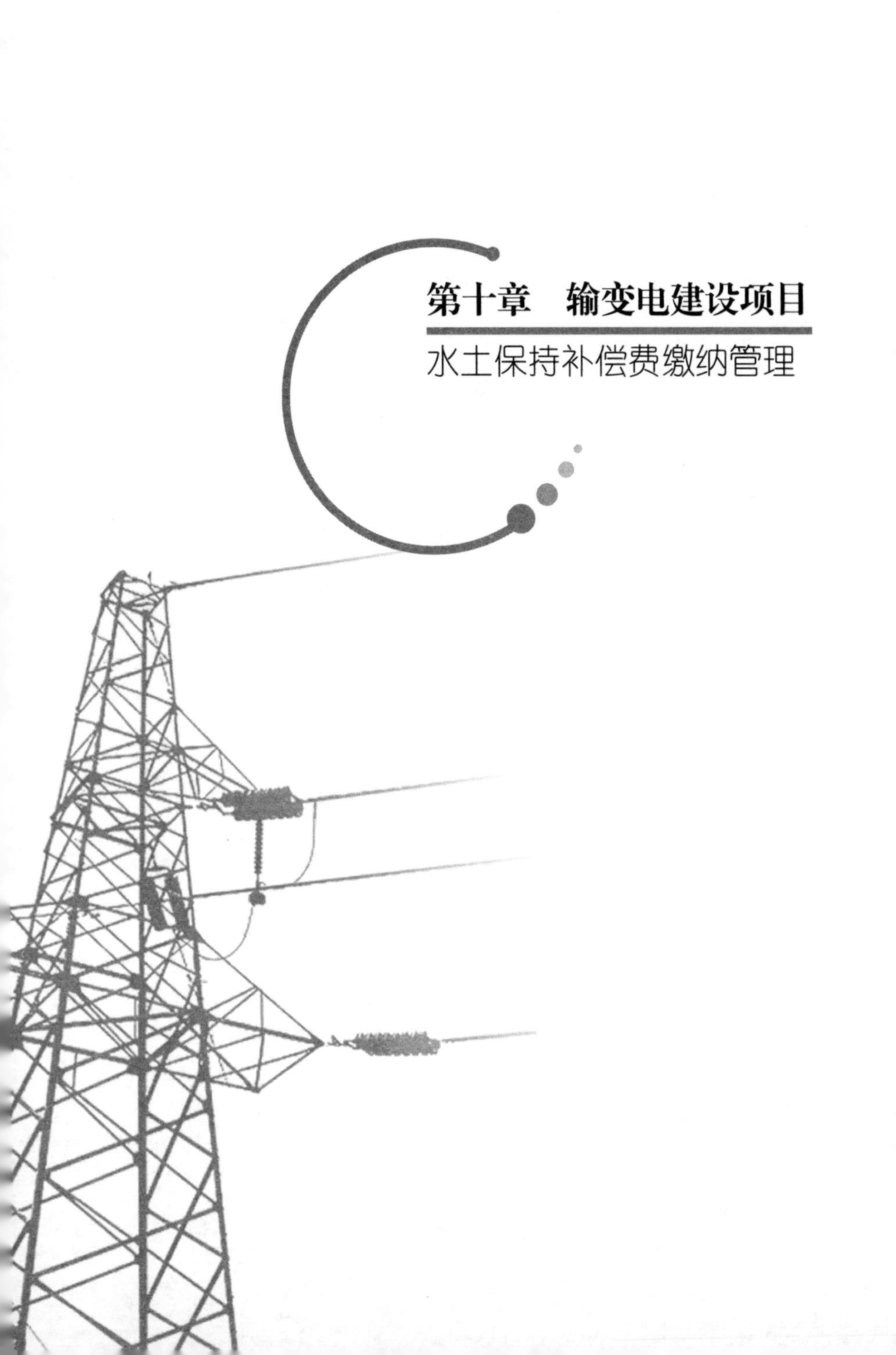

第一节 管理流程

一、管理依据

（1）《中华人民共和国水土保持法》；

（2）《水土保持补偿费征收使用管理办法》；

（3）《国家发展改革委 财政部关于降低电信网码号资源占用费等部分行政事业性收费标准的通知》；

（4）各省、自治区、直辖市相关水土保持补偿费收费标准。

二、工作流程

（1）输变电建设项目在规划可研及初设阶段概算编制时，编制单位需将水保补偿费足额列支。

（2）输变电建设项目待水保方案批复获取后，由建设管理单位将水保方案及批复提交至负责征收水保补偿费的水行政主管部门办理水保补偿费缴款事宜。

（3）负责征收水保补偿费的水行政主管部门填写“一般缴款书”，随水保补偿费缴纳通知单一并送达建设管理单位，由建设管理单位持“一般缴款书”在规定时限内到商业银行办理缴款。

（4）建设管理单位应当在输变电建设项目开工前一次性缴纳水保补偿费。

第二节 技术要点

一、水保补偿费缴纳范围

在山区、丘陵区、风沙区以及水保规划确定的容易发生水土流失的其他区域进行的输变电建设项目，损坏水保设施、地貌植被，不能恢复原有水保功能的单位，应当在项目开工前一次性缴纳水保补偿费。

二、缴费方式

水利部审批水保方案的，水保补偿费由输变电建设项目所在地省（区、市）水行政主管部门征收；跨省（区、市）的输变电建设项目，由涉及区域各相关省（区、市）水行政主管部门分别征收。

三、计费标准

输变电建设项目按照征占用土地面积一次性计征水保补偿费，东部地区每平方米不超过 1.4 元（不足 $1m^2$ 的按 $1m^2$ 计），中部地区每平方米不超过 1.5 元，西部地区每平方米不超过 1.7 元。

收费具体标准由各省、自治区、直辖市价格主管部门、财政部门会同水行政主管部门根据本地实际情况制定。

第十一章　输变电建设项目环境保护、水土保持第三方服务机构工作质量评价管理

第一节　管 理 流 程

一、管理依据

（1）《环境影响评价技术导则　输变电》（HJ 24）；

（2）《生产建设项目水土保持技术标准》（GB 50433）；

（3）《建设项目竣工环境保护验收技术规范》（HJ 705）；

（4）水利部办公厅关于印发《生产建设项目水土保持监测规程（试行）》的通知；

（5）水利部关于加强事中事后监管规范生产建设项目水土保持设施自主验收的通知。

二、工作流程

为客观评价承担输变电建设项目环保和水保咨询业务的第三方服务机构工作质量，由环保技术支撑单位在开展输变电建设项目前期环评报告、水保方案报告内审及竣工环保验收、水验收报告技术审评工作的同时，组织开展第三方环保水保服务机构的工作质量评价。

在内部审查或技术审评及相应复核工作完成后 5 个工作日内，由环保技术支撑单位将相应的第三方服务机构工作质量评价表，包括环境影响评价单位工作质量评价表、水土保持方案编制单位工作质量评价表、竣工环境保护验收调查单位工作质量评价表、水土保持设施验收报告编制单位工作质量评价表、水土保持监测单位工作质量评价表及汇总表（见表 11 - 1～表 11 - 20），对口提交至环保管理部门、前期管理部门及建设管理部门。

表 11-1　　环境影响评价单位工作质量评价汇总表

环境影响评价单位：________________

工　程　名　称：________________

<table>
<tr><th>序号</th><th colspan="2">单位名称/专家姓名</th><th>评价分数</th><th>平均分</th><th>权重</th><th>分数</th></tr>
<tr><td>1</td><td>建设单位</td><td></td><td></td><td>/</td><td>20%</td><td></td></tr>
<tr><td>2</td><td>内审单位</td><td></td><td></td><td>/</td><td>30%</td><td></td></tr>
<tr><td rowspan="3">3</td><td rowspan="3">内审专家</td><td>专家 1</td><td></td><td rowspan="3"></td><td rowspan="3">50%</td><td rowspan="3"></td></tr>
<tr><td>专家 2</td><td></td></tr>
<tr><td>专家 3</td><td></td></tr>
<tr><td colspan="6">总　分</td><td></td></tr>
<tr><td rowspan="4">4</td><td rowspan="4">建设单位或内审单位</td><td colspan="2">环境影响评价文件报送生态环境主管部门审批过程中，未通过形式审查被拒收的</td><td colspan="2">扣 40 分</td><td></td></tr>
<tr><td colspan="2">环境影响评价文件报送生态环境主管部门审批过程中，被指出遗漏生态敏感区的</td><td colspan="2">每遗漏一处，扣 10 分</td><td></td></tr>
<tr><td colspan="2">环境影响评价文件报送生态环境主管部门审批过程中，被指出环境保护措施有重大遗漏或者明显不合理的</td><td colspan="2">每指出一处，扣 10 分</td><td></td></tr>
<tr><td colspan="2">环境影响评价文件报送生态环境主管部门审批过程中，因质量问题导致不予批准的</td><td colspan="2">扣 40 分</td><td></td></tr>
<tr><td colspan="6">校 核 得 分</td><td></td></tr>
</table>

注　1. 建设过程中，建设单位或内审单位根据环境影响评价文件报审情况和发生变动情况，对环境影响评价单位服务质量得分进行校核；确实影响报审或涉及重大变动的，应对其得分进行核减。

2. 如有多家环境影响评价单位，仅对主持编制的环境影响评价单位进行评价。

表 11－2　环境影响评价单位工作质量评价表（表一）

（供建设单位使用）

环境影响评价单位：＿＿＿＿＿＿＿＿＿＿
工　程　名　称：＿＿＿＿＿＿＿＿＿＿
建　设　单　位：＿＿＿＿＿＿＿＿＿＿

序号	评价内容	评价标准和评分细则			分数
1	联系畅通性	指项目执行过程中能建立了常态联系机制，能够保持项目执行中的各类信息有良好沟通和互动	非常满意	20	
			比较满意	10～19	
			一般	1～9	
			不满意	0	
2	服务及时性	指项目执行中能够及时响应需求，按照建设单位要求完成工作，对于突发事件能做到及时处理和解决	非常满意	20	
			比较满意	10～19	
			一般	1～9	
			不满意	0	
3	工作态度	指项目执行中技术人员具有良好的工作积极性和主动性，切实做到工作认真细致，并严格按照计划要求执行	非常满意	20	
			比较满意	10～19	
			一般	1～9	
			不满意	0	
4	业务能力	指项目人员具备相应的专业技术能力，业务水平能满足项目要求	非常满意	20	
			比较满意	10～19	
			一般	1～9	
			不满意	0	
5	工作质量	指项目已按计划完成各项工作内容，环境影响评价文件编制质量较好，并按期取得批复文件	非常满意	20	
			比较满意	10～19	
			一般	1～9	
			不满意	0	
建设单位评价总分					

填表人：　　　　　　　　　　联系方式：

注　1. 由建设单位相关责任人于取得环境影响报告书（表）批复文件后，对环境影响评价单位的工作质量进行评价。

2. 各项评价内容分值总计 100 分。

3. 如有多家环境影响评价单位，仅对主持编制的环境影响评价单位进行评价。

表 11-3　　环境影响评价单位工作质量评价表（表二）

（供内审单位使用）

环境影响评价单位：________________

工　程　名　称：________________

内　审　单　位：________________

评价内容		评价标准和评分细则			分数
预 审 阶 段					
预审报告质量	1. 内容规范性	环境影响评价文件编制满足导则要求，结构完整，论述全面，表达准确	完全符合	15	
			基本符合	1～14	
			不符合	0	
	2. 协议有效性	对于工程进入的生态环境敏感区，已取得有关部门同意线路路径的协议，且协议文件符合法律法规规定	完全符合	15	
			基本符合	1～14	
			不符合	0	
	3. 标准合理性	环境影响评价标准满足所在地区要求，合理可行；环境要素控制限值正确合理	完全符合	15	
			基本符合	1～14	
			不符合	0	
	4. 数据准确性	环境现状调查和环境影响预测数据准确、完整，满足导则要求，符合工程实际	完全符合	15	
			基本符合	1～14	
			不符合	0	
预 审 阶 段 得 分					
内 审 阶 段					
内审报告质量	1. 评价因子	施工、运行阶段主要环境影响评价因子完整、准确	完全符合	5	
			基本符合	1～4	
			不符合	0	
	2. 评价等级	评价工作等级的划分、内容符合相关导则要求；评价工作等级调整的理由合理、充分	完全符合	5	
			基本符合	1～4	
			不符合	0	

续表

评价内容		评价标准和评分细则			分数
内审阶段					
内审报告质量	3. 评价标准	评价标准满足所在地区要求，且合理可行；环境要素控制限值正确合理	完全符合	5	
			基本符合	1～4	
			不符合	0	
	4. 评价范围	评价范围划定准确，满足相应标准要求	完全符合	5	
			基本符合	1～4	
			不符合	0	
	5. 项目概况	建设项目概况（特别是改扩建和技术改造项目的现有工程基本情况、污染物排放及达标情况等）描述全面、准确	完全符合	10	
			基本符合	1～9	
			不符合	0	
	6. 选址选线合理性分析	建设项目类型及其选址、布局、规模与环境保护法律法规和相关法定规划相符性论证充分、准确	完全符合	5	
			基本符合	1～4	
			不符合	0	
	7. 环境敏感目标	环境敏感目标（特别是自然保护区、饮用水水源保护区或者以居住、医疗卫生、文化教育为主要功能的区域等环境敏感目标）全面，环境敏感目标与建设项目位置关系描述准确	完全符合	15	
			基本符合	1～14	
			不符合	0	
	8. 现状调查与评价	评价范围内相关环境要素现状调查与评价全面、客观，监测方法、监测频次、监测布点符合相关规定，监测数据准确合理，现状分析合理	完全符合	10	
			基本符合	1～9	
			不符合	0	
	9. 环境影响与预测	环境影响预测与评价方法和数据正确，相关环境要素、环境风险预测与评价内容全面	完全符合	20	
			基本符合	1～19	
			不符合	0	

续表

评价内容		评价标准和评分细则			分数
内审阶段					
内审报告质量	10. 环境保护设施、措施	按相关规定提出的环境保护设施、措施切实可行，并确保污染物排放达到国家和地方排放标准或者有效预防和控制生态破坏；所提环境保护设施、措施及其可行性论证符合相关规定	完全符合	10	
			基本符合	1～9	
			不符合	0	
	11. 环境影响评价结论	环境影响评价结论客观、正确、合理	完全符合	5	
			基本符合	1～4	
			不符合	0	
	12. 其他	报告编制规范，内容完整，资料翔实，语言准确，文字精练，计量单位规范	完全符合	5	
			基本符合	1～4	
			不符合	0	
内审阶段得分					
会后修改阶段					
报告完善质效	1. 时效性	按时完成报告修改	无故逾期提交修改报告的，每超过1个工作日扣1分，扣完为止	0～20	
	2. 报告质量	逐条落实专家意见	无故遗漏专家意见的，每漏1条专家意见扣1分，扣完为止	0～20	
会后修改阶段得分					
内审单位评价总分 总分＝（预审阶段得分＋内审阶段得分＋会后修改阶段得分）/2					

填表人：　　　　　　　　　　　　联系方式：

注 1. 由内审单位主审人于环境影响报告书（表）内审完成后，对环境影响评价单位的工作质量进行评价。

2. 各项评价内容分值总计200分，内审单位对环境影响评价单位的评价总分为各阶段得分总和除以2。

3. 如有多家环境影响评价单位，仅对主持编制的环境影响评价单位进行评价。

表 11-4 环境影响评价单位工作质量评价表（表三）

（供内审专家使用）

环境影响评价单位：________________

工　程　名　称：________________

内 审 专 家 姓 名：________________

序号	评价内容		评价标准和评分细则			分数
1	前　言		介绍全面，简洁准确	完全符合	2	
				基本符合	1	
				不符合	0	
2	总则	2.1 编制依据	编制依据全面、准确、有效，相关文件齐备	完全符合	3	
				基本符合	1～2	
				不符合	0	
		2.2 评价因子、等级和范围	施工、运行阶段主要评价因子完整、准确；评价工作等级的划分、内容符合相关导则要求；评价工作等级调整的理由合理、充分；评价范围划定准确，符合相应标准要求	完全符合	3	
				基本符合	1～2	
				不符合	0	
		2.3 评价标准	评价标准满足所在地区要求，合理可行；环境要素控制限值正确合理	完全符合	3	
				基本符合	1～2	
				不符合	0	
		2.4 环境敏感目标	环境敏感目标识别全面、准确；环境敏感目标的基本情况介绍清楚，相关图件清晰、列表内容清楚	完全符合	3	
				基本符合	1～2	
				不符合	0	
		2.5 评价重点	评价重点全面、准确	完全符合	3	
				基本符合	1～2	
				不符合	0	

续表

序号	评价内容		评价标准和评分细则			分数
3	建设项目概况与工程分析	3.1 项目概况	工程内容介绍应完整；对于改扩建项目，前期工程情况介绍完整	完全符合	3	
				基本符合	1～2	
				不符合	0	
		3.2 环境影响因素	环境影响因素识别全面、分析充分，评价参数准确	完全符合	4	
				基本符合	1～3	
				不符合	0	
		3.3 生态影响途径分析	分别从施工期和运行期开展生态影响途径分析全面、准确	完全符合	4	
				基本符合	1～3	
				不符合	0	
4	环境现状调查与评价	4.1 区域概况和自然环境	项目所在地行政区划、地理位置、区域地势、交通等信息叙述清楚，并附相应地理位置图；项目所在地地形地貌、地质、水文特征、气候气象特征等内容叙述清楚、扼要；工程所涉水体与工程的关系表述清楚、准确	完全符合	2	
				基本符合	1	
				不符合	0	
		4.2 电磁环境现状调查与评价	现状监测的监测因子、监测点位、布点方法有代表性，监测频次、监测方式、监测仪器符合相关规定；现状监测结果和评价结论准确、可信	完全符合	3	
				基本符合	1～2	
				不符合	0	
		4.3 声环境现状调查与评价	现状监测的监测因子、监测点位、布点方法有代表性，监测频次、监测方式、监测仪器符合相关规定；现状监测结果和评价结论准确、可信	完全符合	3	
				基本符合	1～2	
				不符合	0	
		4.4 生态环境调查与评价	生态影响预测与评价内容应与现状评价内容对应性好，预测与评价方法合理，预测结论完整准确；生态保护措施全面、系统、合理	完全符合	3	
				基本符合	1～2	
				不符合	0	

续表

序号	评价内容		评价标准和评分细则			分数
4	环境现状调查与评价	4.5 地表水环境	工程污水受纳水体的环境功能等描述清楚。改扩建项目前期污水处理设施运行状况描述清晰完整	完全符合	2	
				基本符合	1	
				不符合	0	
5	施工期环境影响评价	5.1 生态环境	施工阶段环境影响评价满足相应标准规定，提出的减缓环境影响的措施描述清楚，合理可行	完全符合	2	
				基本符合	1	
				不符合	0	
		5.2 声环境	施工阶段环境影响评价满足相应标准规定，提出的减缓环境影响的措施描述清楚，合理可行	完全符合	2	
				基本符合	1	
				不符合	0	
		5.3 施工扬尘	施工管理措施和临时预防措施描述清楚且合理可行	完全符合	2	
				基本符合	1	
				不符合	0	
		5.4 固体废物	弃渣、施工垃圾、生活垃圾等固体废物处理措施描述清楚且合理可行	完全符合	2	
				基本符合	1	
				不符合	0	
		5.5 地表水环境	施工阶段环境影响评价满足相应标准规定，提出的减缓环境影响的措施描述清楚，合理可行	完全符合	2	
				基本符合	1	
				不符合	0	
6	运行期环境影响评价	6.1 电磁环境预测	6.1类比评价中类比对象选择正确、合理，具有可比性；模式预测范围、预测因子、预测点位、预测工况、预测方法符合规定，预测模型参数、计算步长选取合理，具有代表性和保守性，预测结果准确，分析合理全面	完全符合	5	
				基本符合	1～4	
				不符合	0	

续表

序号	评价内容		评价标准和评分细则			分数
6	运行期环境影响评价	6.2 声环境预测	6.2 类比评价中类比对象选择正确、合理，具有可比性；噪声贡献值模式预测范围、预测方法符合规定，预测模型和预测参数的具有代表性和保守性，结果准确，厂界噪声、环境敏感目标声环境影响预测数据正确，分析合理全面分析合理全面	完全符合	5	
				基本符合	1～4	
				不符合	0	
		6.3 地表水环境影响分析	污水防治措施及排放去向明确，主要评价因子全面。存在冷却水外排时，主要影响因子对受纳水体的影响分析清楚	完全符合	2	
				基本符合	1	
				不符合	0	
		6.4 固体废物影响分析	固体废物来源、数量描述清楚，贮存条件明确，处置、处理要求合理可行	完全符合	2	
				基本符合	1	
				不符合	0	
		6.5 环境风险分析	环境风险描述清楚，环境风险防范措施满足设计规范要求	完全符合	2	
				基本符合	1	
				不符合	0	
7	环境保护设施、措施分析与论证	7.1 环境保护措施可靠性和可行性	提出的环境保护措施技术可行，经济合理，长期运行稳定，达标排放可靠，生态保护和恢复效果的可达性	完全符合	4	
				基本符合	1～3	
				不符合	0	
		7.2 环境保护措施资金	各项环境保护措施和环境风险防范措施的资金来源明确	完全符合	4	
				基本符合	1～3	
				不符合	0	
8	环境管理与监测计划	8.1 环境管理	环境管理内容描述详细完整，明确环境管理体制、管理机构和人员	完全符合	2	
				基本符合	1	
				不符合	0	
		8.2 环境监测	监测方案合理，监测范围合适，监测点位、监测频次具有代表性，满足相应标准规定	完全符合	2	
				基本符合	1	
				不符合	0	

续表

序号	评价内容		评价标准和评分细则			分数
9	评价结论与建议	9.1 评价结论	环境影响可行性结论明确、简洁、准确，与各章节结论一致	完全符合	2	
				基本符合	1	
				不符合	0	
		9.2 建议	提出的建议切实可行	完全符合	2	
				基本符合	1	
				不符合	0	
10	附件和附录	10.1 完整性	10.1 附件各项文件齐全	完全符合	3	
				基本符合	1～2	
				不符合	0	
		10.2 有效性	10.2 涉及生态环境敏感区协议文件合法、有效	完全符合	3	
				基本符合	1～2	
				不符合	0	
		10.3 全面性	10.3 环境敏感点与本工程位置关系示意图已附现场实际照片和遥感影像图，位置关系清楚体现，且与环境敏感目标表内容相一致	完全符合	3	
				基本符合	1～2	
				不符合	0	
11	其他		报告编制规范，内容完整，语言准确，文字精练，计量单位规范	完全符合	8	
				基本符合	1～7	
				不符合	0	
内审专家评价总分						

填表人：　　　　　　　　　　联系方式：

注　1. 由内审专家于环境影响报告书（表）内审过程中，对环境影响评价单位的工作质量进行评价。

2. 各项评价内容分值总计 100 分。

3. 如有多家环境影响评价单位，仅对主持编制的环境影响评价单位进行评价。

表 11－5　水土保持方案编制单位工作质量评价汇总表

水土保持方案编制单位：________________

工　　程　　名　　称：________________

<table>
<tr><td>序号</td><td colspan="2">单位名称/专家姓名</td><td>评价分数</td><td>平均分</td><td>权重</td><td>分数</td></tr>
<tr><td>1</td><td>建设单位</td><td></td><td></td><td>/</td><td>20%</td><td></td></tr>
<tr><td>2</td><td>内审单位</td><td></td><td></td><td>/</td><td>30%</td><td></td></tr>
<tr><td rowspan="3">3</td><td rowspan="3">内审专家</td><td>专家 1</td><td></td><td rowspan="3"></td><td rowspan="3">50%</td><td rowspan="3"></td></tr>
<tr><td>专家 2</td><td></td></tr>
<tr><td>专家 3</td><td></td></tr>
<tr><td colspan="6">总　　分</td><td></td></tr>
<tr><td rowspan="4">4</td><td rowspan="4">建设单位或内审单位</td><td colspan="2">水土保持方案报送水行政主管部门审批过程中，未通过形式审查被拒收的</td><td colspan="2">扣 40 分</td><td></td></tr>
<tr><td colspan="2">水土保持方案报送水行政主管部门审批过程中，被指出遗漏水土流失重点预防区和重点治理区的</td><td colspan="2">每遗漏一处，扣 10 分</td><td></td></tr>
<tr><td colspan="2">水土保持方案报送水行政主管部门审批过程中，被指出水土保持措施有重大遗漏或者明显不合理的</td><td colspan="2">每指出一处，扣 10 分</td><td></td></tr>
<tr><td colspan="2">水土保持方案报送水行政主管部门审批过程中，因质量问题导致不予批准的</td><td colspan="2">扣 40 分</td><td></td></tr>
<tr><td colspan="6">校 核 得 分</td><td></td></tr>
</table>

注　1. 建设过程中，建设单位或内审单位根据水土保持方案报审情况和发生变更情况，对水土保持方案编制单位服务质量得分进行校核；确实影响报审或涉及重大变更的，应对其得分进行核减。

2. 如有多家水土保持方案编制单位，仅对主持编制的水土保持方案编制单位进行评价。

表 11-6　水土保持方案编制单位工作质量评价表（表一）

（供建设单位使用）

水土保持方案编制单位：＿＿＿＿＿＿＿＿＿＿

工　　程　　名　　称：＿＿＿＿＿＿＿＿＿＿

建　　设　　单　　位：＿＿＿＿＿＿＿＿＿＿

序号	评价内容	评价标准和评分细则			分数
1	联系畅通性	指项目执行过程中能建立了常态联系机制，能够保持项目执行中的各类信息有良好沟通和互动	非常满意	20	
			比较满意	10～19	
			一般	1～9	
			不满意	0	
2	服务及时性	指项目执行中能够及时响应需求，按照建设单位要求完成工作，对于突发事件能做到及时处理和解决	非常满意	20	
			比较满意	10～19	
			一般	1～9	
			不满意	0	
3	工作态度	指项目执行中技术人员具有良好的工作积极性和主动性，切实做到工作认真细致，并严格按照计划要求执行	非常满意	20	
			比较满意	10～19	
			一般	1～9	
			不满意	0	
4	业务能力	指项目人员具备相应的专业技术能力，业务水平能满足项目要求	非常满意	20	
			比较满意	10～19	
			一般	1～9	
			不满意	0	
5	工作质量	指项目已按计划完成各项工作内容，水土保持方案编制质量较好，并按期取得批复文件	非常满意	20	
			比较满意	10～19	
			一般	1～9	
			不满意	0	
建设单位评价总分					

填表人：　　　　　　　　　　　　联系方式：

注　1. 由建设单位相关责任人于取得水土保持方案报告书（表）批复文件后，对水土保持方案编制单位的工作质量进行评价。

2. 各项评价内容分值总计 100 分。

3. 如有多家水土保持方案编制单位，仅对主持编制的水土保持方案编制单位进行评价。

表 11－7 水土保持方案编制单位工作质量评价表（表二）

（供内审单位使用）

水土保持方案编制单位：________________

工　　程　　名　　称：________________

内　　审　　单　　位：________________

评价内容		评价标准和评分细则			分数
预审阶段					
预审报告质量	1. 内容规范性	水土保持方案编制满足技术标准要求，结构完整，论述全面，表达准确	完全符号	15	
			基本符合	1～14	
			不符合	0	
	2. 协议有效性	工程取土、弃土（渣）、余土综合利用等协议完备有效，满足水土保持方案上报审批要求	完全符号	15	
			基本符合	1～14	
			不符合	0	
	3. 指标合理性	水土流失防治标准指标满足所在地区要求，符合工程实际	完全符号	10	
			基本符合	1～9	
			不符合	0	
	4. 数据准确性	水土流失预测方法准确、结果正确，满足导则要求，符合工程实际；水土流失防治措施工程量计算准确，数据一致	完全符号	20	
			基本符合	1～19	
			不符合	0	
预审阶段得分					
内审阶段					
内审报告质量	1. 法规要求	涉及饮用水水源保护区、自然保护区、世界文化和自然遗产地、风景名胜区、地质公园、森林公园、重要湿地，应满足相关法律法规规定	完全符号	5	
			基本符合	1～4	
			不符合	0	

续表

<table>
<tr><th colspan="2">评价内容</th><th colspan="3">评价标准和评分细则</th><th>分数</th></tr>
<tr><td colspan="6">内 审 阶 段</td></tr>
<tr><td rowspan="21">内审报告质量</td><td rowspan="3">2. 选址选线</td><td rowspan="3">选址选线应避让《中华人民共和国水土保持法》规定应避让区域的，或无法避让《中华人民共和国水土保持法》规定应避让区域，方案应提出提高防治标准、优化施工工艺、减少地表扰动和植被损坏范围要求的；应避让《生产建设项目水土保持技术标准》规定应避让区域</td><td>完全符号</td><td>5</td><td rowspan="3"></td></tr>
<tr><td>基本符合</td><td>1～4</td></tr>
<tr><td>不符合</td><td>0</td></tr>
<tr><td rowspan="3">3. 比选方案</td><td rowspan="3">选址选线比选方案从水土保持角度明显优于推荐方案，无明显制约因素</td><td>完全符号</td><td>10</td><td rowspan="3"></td></tr>
<tr><td>基本符合</td><td>1～9</td></tr>
<tr><td>不符合</td><td>0</td></tr>
<tr><td rowspan="3">4. 项目概况</td><td rowspan="3">项目概况介绍完整、合理，主体工程布局无明显不利于水土保持</td><td>完全符号</td><td>15</td><td rowspan="3"></td></tr>
<tr><td>基本符合</td><td>1～14</td></tr>
<tr><td>不符合</td><td>0</td></tr>
<tr><td rowspan="3">5. 扰动面积</td><td rowspan="3">工程扰动面积计算准确且未明显超过合理范围</td><td>完全符号</td><td>15</td><td rowspan="3"></td></tr>
<tr><td>基本符合</td><td>1～14</td></tr>
<tr><td>不符合</td><td>0</td></tr>
<tr><td rowspan="3">6. 土石方平衡</td><td rowspan="3">土石方平衡情况介绍清晰，与项目组成和施工组织一致性好，数据准确；对弃土提出了综合利用方案的；确需废弃应落实存放地的，且存放地设置符合规范要求</td><td>完全符号</td><td>15</td><td rowspan="3"></td></tr>
<tr><td>基本符合</td><td>1～14</td></tr>
<tr><td>不符合</td><td>0</td></tr>
<tr><td rowspan="3">7. 取土情况</td><td rowspan="3">取土场地已落实，且取土场设置符合规范要求</td><td>完全符号</td><td>5</td><td rowspan="3"></td></tr>
<tr><td>基本符合</td><td>1～4</td></tr>
<tr><td>不符合</td><td>0</td></tr>
<tr><td rowspan="3">8. 水土保持设施（措施）</td><td rowspan="3">水土保持设施、措施无重大遗漏或者明显不合理</td><td>完全符号</td><td>15</td><td rowspan="3"></td></tr>
<tr><td>基本符合</td><td>1～14</td></tr>
<tr><td>不符合</td><td>0</td></tr>
</table>

续表

<table>
<tr><th colspan="2">评价内容</th><th colspan="3">评价标准和评分细则</th><th>分数</th></tr>
<tr><td colspan="6">内 审 阶 段</td></tr>
<tr><td rowspan="3">内审报告质量</td><td rowspan="3">9. 水土保持投资估算和效益分析</td><td rowspan="3">投资估算原则正确，依据全面，费用构成、单价确定符合规定要求，表格齐全、规范；效益分析内容全面，结论可靠；防治指标达标情况分析合理，计算准确</td><td>完全符号</td><td>15</td><td rowspan="3"></td></tr>
<tr><td>基本符合</td><td>1～14</td></tr>
<tr><td>不符合</td><td>0</td></tr>
<tr><td colspan="5">内 审 阶 段 得 分</td><td></td></tr>
<tr><td colspan="6">会 后 修 改 阶 段</td></tr>
<tr><td rowspan="2">报告完善质效</td><td>1. 时效性</td><td>按时完成报告修改</td><td>无故逾期提交修改报告的，每超过1个工作日扣1分，扣完为止</td><td>0～20</td><td></td></tr>
<tr><td>2. 报告质量</td><td>逐条落实专家意见</td><td>无故遗漏专家意见的，每漏1条专家意见扣1分，扣完为止</td><td>0～20</td><td></td></tr>
<tr><td colspan="5">会后修改阶段得分</td><td></td></tr>
<tr><td colspan="5">内审单位评价总分
总分=（预审阶段得分+内审阶段得分+会后修改阶段得分）/2</td><td></td></tr>
</table>

填表人： 联系方式：

注 1. 由内审单位主审人于水土保持方案报告书（表）内审完成后，对水土保持方案编制单位的工作质量进行评价。

2. 各项评价内容分值总计 200 分，内审单位对水土保持方案编制单位的评价总分为各阶段得分总和除以 2。

3. 如有多家水土保持方案编制单位，仅对主持编制的水土保持方案编制单位进行评价。

表 11-8 水土保持方案编制单位工作质量评价表（表三）

（供内审专家使用）

水土保持方案编制单位：______

工　　程　　名　　称：______

内 审 专 家 姓 名：______

序号	评价内容		评价标准和评分细则			分数
1	综合说明	1.1 总体要求	综合说明能简明扼要、全面地反映方案的主要内容	完全符合	4	
				基本符合	1～3	
				不符合	0	
		1.2 编制依据	编制依据全面、充分、有效	完全符合	2	
				基本符合	1	
				不符合	0	
		1.3 防治标准等级及指标值	水土流失防治标准等级划分和各项指标确定符合标准规定，符合项目区实际，修正合理，线路工程有分段防治指标值	完全符合	3	
				基本符合	1～2	
				不符合	0	
		1.4 水土保持方案特性表	内容全面翔实，数据准确统一	完全符合	4	
				基本符合	1～3	
				不符合	0	
		1.5 结论	内容全面翔实，表述清晰	完全符合	3	
				基本符合	1～2	
				不符合	0	
2	项目概况	2.1 项目组成及工程布置	项目组成情况和各组成部分的建设内容介绍清楚	完全符合	4	
				基本符合	1～3	
				不符合	0	
		2.2 施工组织	施工组织内容完整，工程水土保持相关内容论述全面	完全符合	3	
				基本符合	1～2	
				不符合	0	

续表

序号	评价内容		评价标准和评分细则			分数
2	项目概况	2.3 工程占地	占地面积、性质及类型情况与项目组成和施工组织一致性好，数据准确	完全符合	3	
				基本符合	1～2	
				不符合	0	
		2.4 土石方平衡	挖方、填方、借方（说明来源）、余方（说明去向）量和调运情况介绍清晰，与项目组成和施工组织一致性好，数据准确	完全符合	3	
				基本符合	1～2	
				不符合	0	
		2.5 拆迁（移民）安置与专项设施改（迁）建	拆迁安置情况论述清晰完整，安置方式合理可行；专项设施改（迁）建的内容、规模清晰完整，方案合理可行	完全符合	2	
				基本符合	1	
				不符合	0	
		2.6 施工进度	工期安排进度合理，满足水土保持要求	完全符合	2	
				基本符合	1	
				不符合	0	
		2.7 自然概况	自然概况应包括项目区地形地貌、地质、气象、水文、土壤及植被等方面，内容全面，表述单元和深度满足标准要求	完全符合	3	
				基本符合	1～2	
				不符合	0	
3	项目水土保持评价	3.1 主体工程选址（线）水土保持评价	对照主体工程选址（线）水土保持制约因素，逐条分析工程选址选线情况，论述清晰，结论明确	完全符合	3	
				基本符合	1～2	
				不符合	0	
		3.2 建设方案与布局水土保持评价	对建设方案、工程占地、土石方平衡、取土场设置、弃土（渣）场设置、施工方法与工艺和主体工程设计中具有水土保持功能的工程等从水土保持角度逐项评价，评价结论明确，提出的补充措施合理；界定为水土保持的措施，按分区列表明确各项措施的位置、数量和投资，表格内容全面，数据准确	完全符合	4	
				基本符合	1～3	
				不符合	0	

续表

序号	评价内容		评价标准和评分细则			分数
3	项目水土保持评价	3.3 主体工程设计中水土保持措施界定	水土保持措施界定合理、全面	完全符合	4	
				基本符合	1～3	
				不符合	0	
4	水土流失分析与预测	4.1 水土流失现状	项目所在区域水土流失的类型划分准确，水土流失强度分析合理，土壤侵蚀模数和容许土壤流失量确定合理准确	完全符合	3	
				基本符合	1～2	
				不符合	0	
		4.2 水土流失影响因素分析	工程建设对水土流失的影响符合项目区自然条件、工程施工特点，建设过程中扰动地表、损毁植被面积，以及废弃土（渣）数据准确	完全符合	2	
				基本符合	1	
				不符合	0	
		4.3 土壤流失量预测	预测单元划分合理，面积计算准确；预测时段划分与施工进度一致，各预测单元施工期预测时间和自然恢复期时间确定合理，符合项目及项目区实际；土壤侵蚀模数确定方法合理，数据准确；预测结果对各预测单元施工期、自然恢复期的土壤流失总量和新增土壤流失量分析全面合理	完全符合	4	
				基本符合	1～3	
				不符合	0	
		4.4 水土流失危害分析	对可能发生的水土流失危害分析全面合理，与工程实际相符	完全符合	2	
				基本符合	1	
				不符合	0	
		4.5 指导性意见	提出水土流失防治和监测的重点区域合理，意见具有指导性	完全符合	3	
				基本符合	1～2	
				不符合	0	

续表

序号	评价内容		评价标准和评分细则			分数
5	水土保持措施	5.1 防治区划分	防治责任范围确定合理；防治分区划分合理、层次分明，符合相关规定，无遗漏	完全符合	3	
				基本符合	1～2	
				不符合	0	
		5.2 措施总体布局	措施体系布局完整合理，工程措施、植物措施以及临时措施有机结合，体系框图完整准确	完全符合	4	
				基本符合	1～3	
				不符合	0	
		5.3 分区措施布设	防治措施选择合理，布设位置明确，与主体设计评价相呼应，符合分区内工程实际和自然条件	完全符合	4	
				基本符合	1～3	
				不符合	0	
		5.4 施工要求	施工方法明确；进度安排合理，与主体工程施工进度相协调，明确临时措施与主体工程施工同步实施的要求	完全符合	3	
				基本符合	1～2	
				不符合	0	
6	水土保持监测	6.1 范围和时段	监测范围与水土流失防治责任范围相符，监测时段与主体工程施工进度相符	完全符合	2	
				基本符合	1	
				不符合	0	
		6.2 内容、方法和点位布设	监测内容全面，方法可行，频次满足要求	完全符合	3	
				基本符合	1～2	
				不符合	0	
		6.3 实施条件和成果	监测人员、设施和设备等与监测内容和监测方法相符，监测成果要求齐全	完全符合	2	
				基本符合	1	
				不符合	0	

续表

序号	评价内容		评价标准和评分细则			分数
7	水土保持投资估算及效益分析	7.1 投资估算	编制原则正确，编制依据全面，费用构成、单价确定符合规定要求，表格齐全、规范	完全符合	4	
				基本符合	1～3	
				不符合	0	
		7.2 效益分析	效益分析内容全面，结论可靠；本方案实施后水土流失治理率、土壤流失控制比、渣土防护率、表土保护率、林草植被恢复率、林草覆盖率等六项防治指标达到情况要求，分析合理，计算准确	完全符合	3	
				基本符合	1～2	
				不符合	0	
8	水土保持管理		从组织管理、后续设计、水土保持监测、水土保持监理、水土保持施工、水土保持设施验收等方面全面提出水土保持管理要求，要求切实可行	完全符合	3	
				基本符合	1～2	
				不符合	0	
9	附表附图		附件、附图齐全；图面清晰，图签齐备，符合规范要求	完全符合	4	
				基本符合	1～3	
				不符合	0	
10	其他		报告编制规范，内容完整，语言准确，文字精练，计量单位规范	完全符合	4	
				基本符合	1～3	
				不符合	0	
内审专家评价总分						

填表人： 联系方式：

注： 1. 由内审专家于水土保持方案报告书（表）内审过程中，对水土保持方案编制单位的工作质量进行评价。

2. 各项评价内容分值总计 100 分。

3. 如有多家水土保持方案编制单位，仅对主持编制的水土保持方案编制单位进行评价。

表 11-9　　竣工环境保护验收调查单位工作质量评价汇总表

竣工环境保护验收调查单位：______________________________

工　　程　　名　　称：______________________________

<table>
<tr><th>序号</th><th colspan="2">单位名称/专家姓名</th><th>评价分数</th><th>平均分</th><th>权重</th><th>分数</th></tr>
<tr><td>1</td><td>建设单位</td><td></td><td></td><td>/</td><td>20%</td><td></td></tr>
<tr><td>2</td><td>审评单位</td><td></td><td></td><td>/</td><td>40%</td><td></td></tr>
<tr><td rowspan="3">3</td><td rowspan="3">审评专家</td><td>专家 1</td><td></td><td rowspan="3"></td><td rowspan="3">40%</td><td rowspan="3"></td></tr>
<tr><td>专家 2</td><td></td></tr>
<tr><td>专家 3</td><td></td></tr>
<tr><td colspan="6">总　　分</td><td></td></tr>
<tr><td>4</td><td>建设单位或审评单位</td><td colspan="2">在验收现场检查中，发现与验收调查报告不符的</td><td colspan="2">每发现一处，扣 5 分</td><td></td></tr>
<tr><td colspan="6">校 核 得 分</td><td></td></tr>
</table>

注　1. 建设过程中，建设单位或审评单位根据生态环境主管部门验收核查情况，对竣工环境保护验收调查单位服务质量得分进行校核；确实影响验收结论的，应对其得分进行核减。

2. 如有多家竣工环境保护验收调查单位，仅对主持编制的竣工环境保护验收调查单位进行评价。

表 11-10 竣工环境保护验收调查单位工作质量评价表（表一）

（供建设单位使用）

竣工环境保护验收调查单位：________________

工　　程　　名　　称：________________

建　　设　　单　　位：________________

序号	评价内容	评价标准和评分细则			分数
1	联系畅通性	指项目执行过程中能建立了常态联系机制，能够保持项目执行中的各类信息有良好沟通和互动	非常满意	20	
			比较满意	10～19	
			一般	1～9	
			不满意	0	
2	服务及时性	指项目执行中能够及时响应需求，按照建设单位要求完成工作，对于突发事件能做到及时处理和解决	非常满意	20	
			比较满意	10～19	
			一般	1～9	
			不满意	0	
3	工作态度	指项目执行中技术人员具有良好的工作积极性和主动性，切实做到工作认真细致，并严格按照计划要求执行	非常满意	20	
			比较满意	10～19	
			一般	1～9	
			不满意	0	
4	业务能力	指项目人员具备相应的专业技术能力，业务水平能满足项目要求	非常满意	20	
			比较满意	10～19	
			一般	1～9	
			不满意	0	
5	工作质量	指项目已按计划完成各项工作内容，竣工环境保护验收调查报告编制质量较好，并按期完成验收	非常满意	20	
			比较满意	10～19	
			一般	1～9	
			不满意	0	
建设单位评价总分					

填表人：　　　　　　　　　　　　联系方式：

注 1. 由建设单位相关责任人于竣工环境保护验收完成后，对竣工环境保护验收调查单位的工作质量进行评价。

2. 各项评价内容分值总计 100 分。

3. 如有多家竣工环境保护验收调查单位，仅对主持编制的竣工环境保护验收调查单位进行评价。

表 11-11　竣工环境保护验收调查单位工作质量评价表（表二）

（供审评单位使用）

竣工环境保护验收调查单位：______

工　程　名　称：______

审　评　单　位：______

评价内容		评价标准和评分细则			分数
预审阶段					
预审报告质量	1. 内容规范性	报告编制满足规范要求，结构完整，论述全面，表达准确	完全符号	15	
			基本符合	1～14	
			不符合	0	
	2. 程序合法性	涉及重大变动已落实变动环评批复文件；进入生态保护红线范围及自然保护区、风景名胜区、世界文化和自然遗产地、饮用水水源保护区、海洋特别保护区等环境敏感区的，生态保护措施落实到位，相关手续完备；违反环境保护法律法规受到处罚，被责令改正，已改正完成	完全符号	15	
			基本符合	1～14	
			不符合	0	
	3. 设施、措施完备性	变电站（换流站）污水处理、废（事故）油收集、噪声控制等环境保护设施已建成；临时占地等相关迹地恢复工作已按要求完成；环评报告及其批复文件提出的其他环境保护措施已落实	完全符号	15	
			基本符合	1～14	
			不符合	0	
	4. 数据准确性	环境监测方法正确、结果准确，且满足污染物排放标准或环境质量标准限值要求	完全符号	15	
			基本符合	1～14	
			不符合	0	
预审阶段得分					

续表

评价内容		评价标准和评分细则			分数
审评阶段					
审评报告质量	1. 综述	编制依据全面、有效，调查原则及方法合理，调查范围、验收标准准确，环境敏感目标信息全面、准确	完全符号	10	
			基本符合	1～9	
			不符合	0	
	2. 建设项目调查	建设项目调查全面、准确，环境保护手续依法合规	完全符号	10	
			基本符合	1～9	
			不符合	0	
	3. 环境保护设施、措施落实情况调查	环评报告及其批复文件要求落实情况调查全面、准确，各项要求已落实	完全符号	10	
			基本符合	1～9	
			不符合	0	
	4. 生态影响调查与分析	生态环境影响调查内容全面，结果分析合理，生态保护设施（措施）已落实	完全符号	10	
			基本符合	1～9	
			不符合	0	
	5. 电磁环境影响调查	电磁环境影响调查内容全面，监测方法合理，监测结果准确且达标	完全符号	10	
			基本符合	1～9	
			不符合	0	
	6. 声环境影响调查	声环境影响调查内容全面，监测方法合理，监测结果准确且达标	完全符号	10	
			基本符合	1～9	
			不符合	0	
	7. 水环境影响调查	水环境影响调查内容全面，调查结果分析合理可信	完全符号	5	
			基本符合	1～4	
			不符合	0	
	8. 固体废物影响调查	固体废物影响调查内容全面，调查结果分析合理可信	完全符号	5	
			基本符合	1～4	
			不符合	0	
	9. 突发环境事件防范及应急措施调查	突发环境事件防范及应急措施调查内容全面，调查结果分析合理可信	完全符号	5	
			基本符合	1～4	
			不符合	0	

续表

<table>
<tr><th colspan="2">评价内容</th><th colspan="3">评价标准和评分细则</th><th>分数</th></tr>
<tr><td colspan="6">审 评 阶 段</td></tr>
<tr><td rowspan="9">审评报告质量</td><td rowspan="3">10. 环境管理与监测</td><td rowspan="3">环境管理与监测计划落实情况调查内容全面，调查结果分析合理可信，环境管理与监测计划已落实</td><td>完全符号</td><td>10</td><td rowspan="3"></td></tr>
<tr><td>基本符合</td><td>1～9</td></tr>
<tr><td>不符合</td><td>0</td></tr>
<tr><td rowspan="3">11. 支持性材料</td><td rowspan="3">支持性文件齐全；电磁和声环境敏感目标与工程位置关系示意图位置关系清晰，信息准确</td><td>完全符号</td><td>10</td><td rowspan="3"></td></tr>
<tr><td>基本符合</td><td>1～9</td></tr>
<tr><td>不符合</td><td>0</td></tr>
<tr><td rowspan="3">12. 其他需要说明的事项</td><td rowspan="3">其他需要说明的事项内容完整，表述准确</td><td>完全符号</td><td>5</td><td rowspan="3"></td></tr>
<tr><td>基本符合</td><td>1～4</td></tr>
<tr><td>不符合</td><td>0</td></tr>
<tr><td colspan="5">审评阶段得分</td><td></td></tr>
<tr><td colspan="6">会后修改阶段</td></tr>
<tr><td rowspan="2">报告完善质效</td><td>1. 时效性</td><td>按时完成报告修改</td><td>无故逾期提交修改报告的，每超过 1 个工作日扣 1 分，扣完为止</td><td>0～20</td><td></td></tr>
<tr><td>2. 报告质量</td><td>逐条落实专家意见</td><td>无故遗漏专家意见的，每漏 1 条专家意见扣 1 分，扣完为止</td><td>0～20</td><td></td></tr>
<tr><td colspan="5">会后修改阶段得分</td><td></td></tr>
<tr><td colspan="5">审评单位评价总分
总分＝（预审阶段得分＋审评阶段得分＋会后修改阶段得分）/2</td><td></td></tr>
</table>

填表人：　　　　　　　　　　联系方式：

注 1. 由审评单位主审人于竣工环境保护验收调查报告审评完成后，对竣工环境保护验收调查单位的工作质量进行评价。

2. 各项评价内容分值总计 200 分，审评单位对竣工环境保护验收调查单位的评价总分为各阶段得分总和除以 2。

3. 如有多家竣工环境保护验收调查单位，仅对主持编制的竣工环境保护验收调查单位进行评价。

表 11－12 竣工环境保护验收调查单位工作质量评价表（表三）

（供审评专家使用）

竣工环境保护验收调查单位：

工　程　名　称：

审　评　专　家　姓　名：

序号	评价内容		评价标准和评分细则			分数
1	前　言		介绍全面，简洁准确	完全符合	3	
				基本符合	1～2	
				不符合	0	
2	综述	2.1 编制依据	编制依据完整、有效	完全符合	2	
				基本符合	1	
				不符合	0	
		2.2 调查目的、原则、方法和重点	调查目的明确，原则和方法正确，重点合理	完全符合	2	
				基本符合	1	
				不符合	0	
		2.3 调查范围	调查范围与环评范围一致性好	完全符合	2	
				基本符合	1	
				不符合	0	
		2.4 验收标准	验收标准与采用环评标准一致性好；采用新标准进行校核的，理由充分、合理	完全符合	2	
				基本符合	1	
				不符合	0	
		2.5 环境敏感目标	环境敏感目标信息全面准确，与环评阶段变化情况清楚，变化原因清晰	完全符合	4	
				基本符合	1～3	
				不符合	0	
3	建设项目调查	3.1 建设项目内容	建设项目名称、建设性质、建设地点、占地规模、绿化面积、总平面布置、线路路径、主要技术经济指标内容全面，介绍准确	完全符合	3	
				基本符合	1～2	
				不符合	0	

续表

序号	评价内容		评价标准和评分细则			分数
3	建设项目调查	3.2 附图情况	建设项目地理位置图、总平面布置示意图、线路路径示意图内容完整，明确线路与环境敏感区相对位置关系	完全符合	3	
				基本符合	1～2	
				不符合	0	
4	环境影响评价文件回顾及其批复要求		环境影响评价的主要环境影响预测及结论、批复意见回顾内容全面、简明扼要	完全符合	3	
				基本符合	1～2	
				不符合	0	
5	环境保护设施、措施落实情况调查	5.1 环评报告及批复文件要求落实情况	对照环评报告及批复文件要求的环境保护设施、措施，明确说明工程设计阶段、施工阶段、试运行阶段对生态环境影响、污染影响、社会影响所实施的环境保护设施、措施落实情况	完全符合	3	
				基本符合	1～2	
				不符合	0	
		5.2 环境保护设施、措施落实情	各项环境保护设施、措施已全面落实	完全符合	3	
				基本符合	1～2	
				不符合	0	
6	生态影响调查与分析	6.1 生态环境敏感目标调查	验收调查范围内生态保护红线区、自然保护区、风景名胜区、世界文化和自然遗产地、饮用水源保护区等环境敏感目标调查全面，其与工程的相对位置关系明确，保护区级别、保护物种及保护范围等信息完整，附图清晰	完全符合	3	
				基本符合	1～2	
				不符合	0	
		6.2 生态影响调查	工程建设对生态敏感区的影响调查全面，实际影响与环境影响评价文件中预测结果相符性论述合理，措施落实效果明确，工程施工临时占地恢复情况及效果满足验收要求，调查结论与照片相符性好	完全符合	3	
				基本符合	1～2	
				不符合	0	

续表

序号	评价内容		评价标准和评分细则			分数
6	生态影响调查与分析	6.3 生态保护措施有效性分析及补救措施与建议	生态保护措施有效性分析合理，补救措施与建议可操作性强	完全符合	2	
				基本符合	1	
				不符合	0	
7	电磁环境影响调查与分析	7.1 电磁环境监测因子及监测频次	监测因子正确、全面；监测频次满足标准要求	完全符合	2	
				基本符合	1	
				不符合	0	
		7.2 电磁环境监测方法及监测布点	监测方法正确；监测布点合理，监测点位图清晰，与环评阶段监测布点一致性较好，能体现工程电磁环境影响变化情况，可支撑调查结论	完全符合	3	
				基本符合	1～2	
				不符合	0	
		7.3 电磁环境监测单位、监测时间、监测环境条件	监测单位信息完整，监测时段和环境条件满足标准要求	完全符合	2	
				基本符合	1	
				不符合	0	
		7.4 电磁环境监测仪器及工况	监测仪器符合国家标准、监测技术规范，经计量部门检定或校准合格，并在有效使用期内	完全符合	2	
				基本符合	1	
				不符合	0	
		7.5 电磁环境监测结果与分析	监测结果准确，电磁环境影响因子达标情况分析合理，结论明确；提出整改、补救措施与建议合理，具有可操作性	完全符合	5	
				基本符合	1～4	
				不符合	0	
8	声环境影响调查与分析	8.1 噪声源调查	工程主要噪声源和主要背景噪声源调查全面	完全符合	2	
				基本符合	1	
				不符合	0	
		8.2 声环境监测因子及监测频次	监测因子正确、全面；监测频次满足标准要求	完全符合	2	
				基本符合	1	
				不符合	0	

续表

序号	评价内容		评价标准和评分细则			分数
8	声环境影响调查与分析	8.3 声环境监测方法及监测布点	监测方法正确；监测布点合理，监测点位图清晰，与环评阶段监测布点一致性较好，能体现工程声环境影响变化情况，可支撑调查结论	完全符合	3	
				基本符合	1～2	
				不符合	0	
		8.4 声环境监测单位、监测时间、监测环境条件	监测单位信息完整，监测时段和环境条件满足标准要求	完全符合	2	
				基本符合	1	
				不符合	0	
		8.5 声环境监测仪器及工况	监测仪器符合国家标准、监测技术规范，经计量部门检定或校准合格，并在有效使用期内	完全符合	2	
				基本符合	1	
				不符合	0	
		8.6 声环境监测结果与分析	监测结果准确，厂界噪声和敏感目标声环境质量达标情况分析合理，结论明确；提出整改、补救措施与建议合理，具有可操作性	完全符合	5	
				基本符合	1～4	
				不符合	0	
9	水环境影响调查与分析	9.1 水污染源及水环境功能区划调查	工程废水受纳水体的环境功能区调查全面，内容翔实	完全符合	2	
				基本符合	1	
				不符合	0	
		9.2 污水处理设施、工艺及处理能力调查	污水处理设施、工艺及处理能力调查结果清晰、内容全面	完全符合	3	
				基本符合	1～2	
				不符合	0	
		9.3 水环境影响分析	水环境影响分析合理，符合工程实际，并污水或冷却水排放满足标准要求	完全符合	2	
				基本符合	1	
				不符合	0	

续表

序号	评价内容	评价标准和评分细则			分数
10	固体废物影响调查与分析	施工期施工弃土、施工建筑垃圾、施工人员生活垃圾，以及运行期废蓄电池和工作人员生活垃圾等的处理处置方式调查全面，固体废物处理措施的有效性分析合理	完全符合	3	
			基本符合	1～2	
			不符合	0	
11	突发环境事件防范及应急措施调查	运行期变压器、高压电抗器等设备冷却油外泄污染风险防范及应急措施调查全面，调查结果分析合理可信	完全符合	3	
			基本符合	1～2	
			不符合	0	
12	环境管理与监测计划落实情况调查	环境管理与监测计划落实情况调查内容全面，涵盖施工期和运行期两个阶段；调查结果分析合理可信；环境管理与监测计划已落实	完全符合	2	
			基本符合	1	
			不符合	0	
13	调查结果与建议	调查结果明确，建议具有可行性	完全符合	5	
			基本符合	1～4	
			不符合	0	
14	附件	附件齐全；电磁和声环境敏感目标与工程位置关系及监测点位示意图位置关系清晰，信息准确	完全符合	3	
			基本符合	1～2	
			不符合	0	
15	其他需要说明的事项	其他需要说明的事项内容完整，表述准确	完全符合	4	
			基本符合	1～3	
			不符合	0	
16	其他	报告编制规范，内容完整，语言准确，文字精练，计量单位规范	完全符合	5	
			基本符合	1～4	
			不符合	0	
审评专家评价总分					

填表人：　　　　　　　　　　联系方式：

注　1. 由审评专家于竣工环境保护验收调查报告审评过程中，对竣工环境保护验收调查单位的工作质量进行评价。

2. 各项评价内容分值总计100分。

3. 如有多家竣工环境保护验收调查单位，仅对主持编制的竣工环境保护验收调查单位进行评价。

表 11-13 水土保持设施验收报告编制单位工作质量评价汇总表

水土保持设施验收报告编制单位：______________________

工　　程　　名　　称：______________________

<table>
<tr><th>序号</th><th colspan="2">单位名称/专家姓名</th><th>评价分数</th><th>平均分</th><th>权重</th><th>分数</th></tr>
<tr><td>1</td><td>建设单位</td><td></td><td></td><td>/</td><td>20%</td><td></td></tr>
<tr><td>2</td><td>审评单位</td><td></td><td></td><td>/</td><td>40%</td><td></td></tr>
<tr><td rowspan="3">3</td><td rowspan="3">审评专家</td><td>专家 1</td><td></td><td rowspan="3"></td><td rowspan="3">40%</td><td rowspan="3"></td></tr>
<tr><td>专家 2</td><td></td></tr>
<tr><td>专家 3</td><td></td></tr>
<tr><td colspan="6">总　　分</td><td></td></tr>
<tr><td>4</td><td>建设单位或审评单位</td><td colspan="2">在验收现场检查中，发现存在遗留问题但未如实说明的</td><td colspan="2">每发现一处，扣 5 分</td><td></td></tr>
<tr><td colspan="6">校 核 得 分</td><td></td></tr>
</table>

注 1. 建设过程中，建设单位或审评单位根据水行政主管部门验收核查情况，对水土保持设施验收报告编制单位服务质量得分进行校核；确实影响验收结论的，应对其得分进行核减。

2. 如有多家水土保持设施验收报告编制单位，仅对主持编制的水土保持设施验收报告编制单位进行评价。

表 11－14 水土保持设施验收报告编制单位工作质量评价表（表一）

（供建设单位使用）

水土保持设施验收报告编制单位：＿＿＿＿＿＿＿＿＿＿

工　　程　　名　　称：＿＿＿＿＿＿＿＿＿＿

建　　设　　单　　位：＿＿＿＿＿＿＿＿＿＿

序号	评价内容	评价标准和评分细则			分数
1	联系畅通性	指项目执行过程中能建立了常态联系机制，能够保持项目执行中的各类信息有良好沟通和互动	非常满意	20	
			比较满意	10～19	
			一般	1～9	
			不满意	0	
2	服务及时性	指项目执行中能够及时响应需求，按照建设单位要求完成工作，对于突发事件能做到及时处理和解决	非常满意	20	
			比较满意	10～19	
			一般	1～9	
			不满意	0	
3	工作态度	指项目执行中技术人员具有良好的工作积极性和主动性，切实做到工作认真细致，并严格按照计划要求执行	非常满意	20	
			比较满意	10～19	
			一般	1～9	
			不满意	0	
4	业务能力	指项目人员具备相应的专业技术能力，业务水平能满足项目要求	非常满意	20	
			比较满意	10～19	
			一般	1～9	
			不满意	0	
5	工作质量	指项目已按计划完成各项工作内容，水土保持设施验收报告编制质量较好，并按期完成验收	非常满意	20	
			比较满意	10～19	
			一般	1～9	
			不满意	0	
建设单位评价总分					

填表人：　　　　　　　　　　　　联系方式：

注　1. 由建设单位相关责任人于水土保持设施验收完成后，对水土保持设施验收报告编制单位的工作质量进行评价。

2. 各项评价内容分值总计 100 分。

3. 如有多家水土保持设施验收报告编制单位，仅对主持编制的水土保持设施验收报告编制单位进行评价。

表 11-15 水土保持设施验收报告编制单位工作质量评价表（表二）

（供审评单位使用）

水土保持设施验收报告编制单位：____________________

工　　程　　名　　称：____________________

审　　评　　单　　位：____________________

评价内容		评价标准和评分细则			分数
预审阶段					
预审报告质量	1. 材料规范性	验收申请材料齐全完备，内容编制规范；提供的影像资料能反映水土保持措施实施情况	完全符号	15	
			基本符合	1～14	
			不符合	0	
	2. 程序合法性	已依法依规履行水土保持方案及重大变更的编报审批程序；已依法依规缴纳水土保持补偿费	完全符号	15	
			基本符合	1～14	
			不符合	0	
	3. 设施（措施）合规性	废弃土石渣已堆放在经批准的水土保持方案确定的专门存放地；水土保持措施体系、等级和标准已按经批准的水土保持方案要求落实；水土保持分部工程和单位工程已验收合格	完全符号	15	
			基本符合	1～14	
			不符合	0	
	4. 数据准确性	水土保持设施验收报告、水土保持监测总结报告、监理总结报告等验收材料数据准确一致，符合工程实际	完全符号	15	
			基本符合	1～14	
			不符合	0	
预审阶段得分					
审评阶段					
审评报告质量	1. 前言	工程总体情况介绍全面、准确	完全符号	5	
			基本符合	1～4	
			不符合	0	

续表

评价内容		评价标准和评分细则			分数
审评阶段					
审评报告质量	2. 项目及项目区概况	项目及项目区概况内容介绍全面、准确	完全符号	10	
			基本符合	1～9	
			不符合	0	
	3. 水土保持方案和设计情况	水土保持方案和设计情况内容介绍全面、准确，水土保持手续依法合规	完全符号	10	
			基本符合	1～9	
			不符合	0	
	4. 水土保持方案实施情况	水土保持方案实施情况介绍全面，数据准确，实施情况满足要求，与方案对照说明变化原因全面合理	完全符号	20	
			基本符合	1～19	
			不符合	0	
	5. 水土保持工程质量	水土保持工程质量内容介绍全面、准确，水土保持工程质量合格	完全符号	10	
			基本符合	1～9	
			不符合	0	
	6. 初期运行及水土保持效果	初期运行及水土保持效果内容介绍全面、准确，水土保持效果满足水土流失防治标准要求	完全符号	10	
			基本符合	1～9	
			不符合	0	
	7. 水土保持管理	水土保持管理内容介绍全面、准确，管理完善	完全符号	15	
			基本符合	1～14	
			不符合	0	
	8. 结论及下阶段工作安排	达到批复水土保持方案要求，且不存在遗留问题	完全符号	10	
			基本符合	1～9	
			不符合	0	

续表

<table>
<tr><th colspan="2">评价内容</th><th colspan="3">评价标准和评分细则</th><th>分数</th></tr>
<tr><td colspan="6">审 评 阶 段</td></tr>
<tr><td rowspan="3">审评报告质量</td><td rowspan="3">9. 附件附图</td><td rowspan="3">文件齐全，内容准确</td><td>完全符号</td><td>10</td><td rowspan="3"></td></tr>
<tr><td>基本符合</td><td>1～9</td></tr>
<tr><td>不符合</td><td>0</td></tr>
<tr><td colspan="5">审 评 阶 段 得 分</td><td></td></tr>
<tr><td colspan="6">会 后 修 改 阶 段</td></tr>
<tr><td rowspan="2">报告完善质效</td><td>1. 时效性</td><td>按时完成报告修改</td><td>无故逾期提交修改报告的，每超过1个工作日扣1分，扣完为止</td><td>0～20</td><td></td></tr>
<tr><td>2. 报告质量</td><td>逐条落实专家意见</td><td>无故遗漏专家意见的，每漏1条专家意见扣1分，扣完为止</td><td>0～20</td><td></td></tr>
<tr><td colspan="5">会后修改阶段得分</td><td></td></tr>
<tr><td colspan="5">审评单位评价总分
总分＝（预审阶段得分＋审评阶段得分＋会后修改阶段得分）/2</td><td></td></tr>
</table>

填表人：　　　　　　　　　　　　　　联系方式：

注 1. 由审评单位主审人于水土保持设施验收报告审评完成后，对水土保持设施验收报告编制单位的工作质量进行评价。

2. 各项评价内容分值总计200分，审评单位对水土保持设施验收报告编制单位的评价总分为各阶段得分总和除以2。

3. 如有多家水土保持设施验收报告编制单位，仅对主持编制的水土保持设施验收报告编制单位进行评价。

表 11-16　水土保持设施验收报告编制单位工作质量评价表（表三）

（供审评专家使用）

水土保持设施验收报告编制单位：____________

工　　程　　名　　称：____________

审　评　专　家　姓　名：____________

序号	评价内容		评价标准和评分细则			分数
1	前　言		生产建设项目背景、立项和建设过程，水土保持方案审批、水土保持后续设计、监测、监理以及水土保持分部工程、单位工程验收情况等各方面介绍简洁、准确	完全符合	5	
				基本符合	1～4	
				不符合	0	
2	项目及项目区概况	2.1 项目概况	项目概况介绍全面、清晰、准确，简明扼要	完全符合	5	
				基本符合	1～4	
				不符合	0	
		2.2 项目区概况	项目自然条件论述简明扼要，项目区水土流失及防治情况介绍全面、准确	完全符合	4	
				基本符合	1～3	
				不符合	0	
3	水土保持方案和设计情况	3.1 主体工程设计	前期工作相关文件取得情况介绍全面，不同阶段设计文件的审批（审核、审查）情况等介绍清楚、准确	完全符合	3	
				基本符合	1～2	
				不符合	0	
		3.2 水土保持方案	水土保持方案编报审批情况介绍全面、准确	完全符合	3	
				基本符合	1～2	
				不符合	0	
		3.3 水土保持方案变更	水土保持方案变更情况介绍全面、准确，变更原因分析合理	完全符合	3	
				基本符合	1～2	
				不符合	0	
		3.4 水土保持后续设计	水土保持后续设计及其审批（审核、审查）情况介绍清楚，介绍深度满足规范性文件要求	完全符合	3	
				基本符合	1～2	
				不符合	0	

续表

序号	评价内容		评价标准和评分细则			分数
4	水土保持方案实施情况	4.1 水土流失防治责任范围	建设期实际的水土流失防治责任范围数据确凿，变化原因分析合理，符合工程实际	完全符合	4	
				基本符合	1～3	
				不符合	0	
		4.2 弃渣场、取土场设置	弃渣场设置情况介绍全面，对4级及以上的弃渣场，周边环境和使用前后状况说明有遥感影像数据支撑，弃渣场周边敏感因素处置情况明确；弃渣场防治措施体系完整、合理。取土场设置介绍全面，符合工程实际；取土场防治措施体系完整、合理	完全符合	3	
				基本符合	1～2	
				不符合	0	
		4.3 水土保持措施总体布局	水土保持措施体系及总体布局情况介绍全面，水土保持措施体系完整、合理；对照水土保持方案变化原因分析合理，符合工程实际	完全符合	5	
				基本符合	1～4	
				不符合	0	
		4.4 水土保持设施完成情况	水土保持工程措施、植物措施、临时防护工程完成情况介绍全面，数据确凿；对照水土保持方案各项措施变化原因分析合理，符合工程实际；与原措施相比水土保持功能变化结论明确	完全符合	5	
				基本符合	1～4	
				不符合	0	
		4.5 水土保持投资完成情况	水土保持实际完成投资数据准确，投资变化原因分析合理，符合工程实际	完全符合	4	
				基本符合	1～3	
				不符合	0	
5	水土保持工程质量	5.1 质量管理体系	建设单位、设计单位、监理单位、质量监督单位、施工单位质量保证体系和管理制度介绍完整	完全符合	2	
				基本符合	1	
				不符合	0	

续表

序号	评价内容		评价标准和评分细则			分数
5	水土保持工程质量	5.2 各防治分区水土保持工程质量评定和弃渣场稳定性评估	各防治分区水土保持单位工程、分部工程、单元工程划分过程及划分合理，质量评定结果可信，相关表格完备，验收签证资料齐全，工程措施外观和效果达标，植物措施的数量和效果符合要求；弃渣场稳定性评估过程完整，结论明确	完全符合	3	
				基本符合	1～2	
				不符合	0	
		5.3 总体质量评价	总体质量评价结论明确，与各防治分区质量评定情况一致性好	完全符合	4	
				基本符合	1～3	
				不符合	0	
6	初期运行及水土保持效果	6.1 初期运行情况	各项水土保持设施建成运行情况介绍全面扼要，运行情况满足要求	完全符合	2	
				基本符合	1	
				不符合	0	
		6.2 水土保持效果	水土流失防治标准指标计算准确，符合工程实际；有遥感影像或航拍等资料支撑	完全符合	5	
				基本符合	1～4	
				不符合	0	
		6.3 公众满意度调查	公众满意度调查情况介绍清楚	完全符合	2	
				基本符合	1	
				不符合	0	
7	水土保持管理	7.1 水土保持管理体系建设情况	水土保持组织领导、规章制度、建设管理等内容介绍全面，管理体系应系统完善	完全符合	3	
				基本符合	1～2	
				不符合	0	
		7.2 水土保持监测	依法依规开展水土保持监测；水土监测情况介绍全面，监测点位布设、检测方法选择以及监测频次合理，满足要求；监测成果按期报送	完全符合	4	
				基本符合	1～3	
				不符合	0	
		7.3 水土保持监理	依法依规开展水土保持监理，水土保持监理情况介绍全面；水土保持监理工作内容满足要求	完全符合	4	
				基本符合	1～3	
				不符合	0	

续表

序号	评价内容		评价标准和评分细则			分数
7	水土保持管理	7.4 水行政主管部门监督检查意见落实情况	水行政主管部门对项目的监督检查意见已全面落实	完全符合	2	
				基本符合	1	
				不符合	0	
		7.5 水土保持补偿费缴纳情况	水土保持补偿费足额缴纳	完全符合	2	
				基本符合	1	
				不符合	0	
		7.6 水土保持设施管理维护	水土保持设施应管理维护良好	完全符合	2	
				基本符合	1	
				不符合	0	
8	结论	8.1 结论	水土保持设施验收结论明确	完全符合	3	
				基本符合	1～2	
				不符合	0	
		8.2 遗留问题安排	对遗留问题有明确的对策措施和安排	完全符合	2	
				基本符合	1	
				不符合	0	
9	附件附图	9.1 附件	附件齐全，与工程一致性好	完全符合	4	
				基本符合	1～3	
				不符合	0	
		9.2 附图	附图清晰，图件完备，标注准确，符合制图规范	完全符合	4	
				基本符合	1～3	
				不符合	0	
10	其他		报告编制规范，内容完整，语言准确，文字精练，计量单位规范	完全符合	5	
				基本符合	1～4	
				不符合	0	
审评专家评价总分						

填表人：　　　　　　　　联系方式：

注 1. 由审评专家于水土保持设施验收报告审评过程中，对水土保持设施验收报告编制单位的工作质量进行评价。

2. 各项评价内容分值总计 100 分。

3. 如有多家水土保持设施验收报告编制单位，仅对主持编制的水土保持设施验收报告编制单位进行评价。

表 11-17　　水土保持监测单位工作质量评价汇总表

水土保持监测单位：______________________

工　程　名　称：______________________

序号	单位名称/专家姓名		评价分数	平均分	权重	分数
1	建设单位			/	20%	
2	审评单位			/	40%	
3	审评专家	专家 1			40%	
		专家 2				
		专家 3				
总　　分						
4	建设单位或审评单位	未按要求报送水土保持监测成果的		漏报一次扣 10 分		
校　核　得　分						

注　1. 建设过程中，建设单位或审评单位根据水行政主管部门监督检查情况，对水土保持监测单位服务质量得分进行校核。

2. 如有多家水土保持监测单位，仅对主持水土保持监测报告编制的单位进行评价。

表 11-18　水土保持监测单位工作质量评价表（表一）

（供建设单位使用）

水土保持监测单位：________________

工　程　名　称：________________

建　设　单　位：________________

序号	评价内容	评价标准和评分细则			分数
1	联系畅通性	指项目执行过程中能建立了常态联系机制，能够保持项目执行中的各类信息有良好沟通和互动	非常满意	20	
			比较满意	10～19	
			一般	1～9	
			不满意	0	
2	服务及时性	指项目执行中能够及时响应需求，按照建设单位要求完成工作，对于突发事件能做到及时处理和解决	非常满意	20	
			比较满意	10～19	
			一般	1～9	
			不满意	0	
3	工作态度	指项目执行中技术人员具有良好的工作积极性和主动性，切实做到工作认真细致，并严格按照计划要求执行	非常满意	20	
			比较满意	10～19	
			一般	1～9	
			不满意	0	
4	业务能力	指项目人员具备相应的专业技术能力，业务水平能满足项目要求	非常满意	20	
			比较满意	10～19	
			一般	1～9	
			不满意	0	
5	工作质量	指项目已按计划完成各项工作内容，水土保持监测文件编制质量较好，配合完成水土保持设施验收工作	非常满意	20	
			比较满意	10～19	
			一般	1～9	
			不满意	0	
建设单位评价总分					

填表人：　　　　　　　　　　　　联系方式：

注　1. 由建设单位相关责任人于完成水土保持设施验收备案后，对水土保持监测单位的工作质量进行评价。

2. 各项评价内容分值总计 100 分。

3. 如有多家水土保持监测单位，仅对主持编制的水土保持监测单位进行评价。

表 11-19 水土保持监测单位工作质量评价表（表二）

（供审评单位使用）

水土保持监测单位：________________

工 程 名 称：________________

审 评 单 位：________________

评价内容		评价标准和评分细则			分数
预 审 阶 段					
预审报告质量	1. 内容规范性	水土保持监测文件编制满足规范要求，结构完整，内容全面	完全符号	15	
			基本符合	1～14	
			不符合	0	
	2. 方法合理性	水土保持监测内容、方法及频次符合规程要求	完全符号	15	
			基本符合	1～14	
			不符合	0	
	3. 结果准确性	水土保持监测数据准确、合理，相关监测结果可追溯	完全符号	15	
			基本符合	1～14	
			不符合	0	
	4. 结论可靠性	水土保持监测结论符合工程实际，水土保持设施运行效果满足验收要求	完全符号	15	
			基本符合	1～14	
			不符合	0	
预 审 阶 段 得 分					
审 评 阶 段					
审评报告质量	1. 水土保持工作概况	项目概况、水土流失防治情况、监测工作实施情况介绍清楚、全面	完全符号	10	
			基本符合	1～9	
			不符合	0	
	2. 监测内容及监测方法	监测内容、方法及频次满足监测需要	完全符号	10	
			基本符合	1～9	
			不符合	0	

续表

评价内容		评价标准和评分细则			分数
审评阶段					
审评报告质量	3. 重点部位水土流失动态监测	防治责任范围、取土（石、料）、弃土（石、料）、土石方流向情况、其他重点部位等监测成果真实、可靠	完全符号	10	
			基本符合	1～9	
			不符合	0	
	4. 水土流失防治措施监测成果	工程措施、植物措施、临时措施、水土保持措施防治效果监测内容全面，数据可靠	完全符号	20	
			基本符合	1～19	
			不符合	0	
	5. 土壤流失情况监测	水土流失面积、土壤流失量、取料、弃渣潜在土壤流失量、水土流失危害监测成果可靠，结论可信	完全符号	15	
			基本符合	1～14	
			不符合	0	
	6. 水土流失防治效果监测	六项指标监测结果真实、可信，满足水土保持设施验收要求	完全符号	15	
			基本符合	1～14	
			不符合	0	
	7. 结论	水土流失动态变化、水土保持措施评价、存在问题及建议、综合结论符合工程实际	完全符号	5	
			基本符合	1～4	
			不符合	0	
	8. 附图及有关资料	过程文件完整，图件齐全且清晰	完全符号	10	
			基本符合	1～9	
			不符合	0	
	9. 其他	报告编制规范，内容完整，资料翔实，语言准确，文字精练	完全符号	5	
			基本符合	1～4	
			不符合	0	
审评阶段得分					

续表

<table>
<tr><th colspan="2">评价内容</th><th colspan="2">评价标准和评分细则</th><th>分数</th></tr>
<tr><td colspan="5">会后修改阶段</td></tr>
<tr><td rowspan="2">报告完善质效</td><td>1. 时效性</td><td>按时完成报告修改</td><td>无故逾期提交修改报告的，每超过1个工作日扣1分，扣完为止</td><td>0～20</td></tr>
<tr><td>2. 报告质量</td><td>逐条落实专家意见</td><td>无故遗漏专家意见的，每漏1条专家意见扣1分，扣完为止</td><td>0～20</td></tr>
<tr><td colspan="4">会后修改阶段得分</td><td></td></tr>
<tr><td colspan="4">审评单位评价总分
总分＝（预审阶段得分＋审评阶段得分＋会后修改阶段得分）/2</td><td></td></tr>
</table>

填表人：　　　　　　　　　　　　联系方式：

注　1. 由审评单位主审人于水土保持设施自主验收前，对水土保持监测单位的工作质量进行评价。

2. 各项评价内容分值总计200分，审评单位对水土保持监测单位的评价总分为各阶段得分总和除以2。

3. 如有多家水土保持监测单位，仅对主持编制的水土保持监测单位进行评价。

表 11－20　水土保持监测单位工作质量评价表（表三）

（供审评专家使用）

水土保持监测单位：＿＿＿＿＿＿＿＿＿＿＿＿

工　程　名　称：＿＿＿＿＿＿＿＿＿＿＿＿

审 评 专 家 姓 名：＿＿＿＿＿＿＿＿＿＿＿＿

序号	评价内容		评价标准和评分细则			分数
1	建设项目及水土保持工作概况	1.1 项目概况	项目概况介绍全面、清晰、准确，简明扼要	完全符合	2	
				基本符合	1	
				不符合	0	
		1.2 水土流失防治工作情况	水土流失防治工作情况介绍全面，水土保持方案编报及变更依法合规，水土保持监测和监督检查意见已落实，重大水土流失事件已妥善处理	完全符合	3	
				基本符合	1～2	
				不符合	0	
		1.3 监测工作实施情况	水保监测工作实施情况介绍全面，工作流程规范，方法正确，成果完备，水土保持监测意见明确	完全符合	3	
				基本符合	1～2	
				不符合	0	
2	监测内容和方法	2.1 监测内容	监测内容全面	完全符合	3	
				基本符合	1～2	
				不符合	0	
		2.2 监测方法和频次	监测方法正确合理，监测频次符合要求	完全符合	3	
				基本符合	1～2	
				不符合	0	
3	重点部位水土流失动态监测	3.1 防治责任范围监测	列表说明水土保持方案确定的防治责任范围和实际监测的防治责任范围情况，建设期扰动土地面积情况按照监测分区和年度说明，结果准确可靠；与水土保持方案对比分析清晰完整，原因分析合理；对取弃土场采用了遥感技术开展监测	完全符合	4	
				基本符合	1～3	
				不符合	0	

续表

序号	评价内容		评价标准和评分细则			分数
3	重点部位水土流失动态监测	3.2 取（弃）土监测结果	设计的取（弃）土场数量、位置、占地面积、取（弃）土量等情况介绍清楚；实际设置的取（弃）土场数量、位置、占地类型、占地面积及取（弃）土量等监测结果准确可靠；与水土保持方案对比分析差异明确，原因合理	完全符合	3	
				基本符合	1～2	
				不符合	0	
		3.3 土石方流向情况监测结果	工程土石方监测结果按监测分区进行论述，结果准确可靠；与水土保持方案及后续设计对比分析清晰完整，并逐项说明变化原因，原因合理可信	完全符合	3	
				基本符合	1～2	
				不符合	0	
		3.4 其他重点部位监测结果	根据实际情况，说明其他重点监测情况，监测数据准确，监测成果可靠	完全符合	3	
				基本符合	1～2	
				不符合	0	
4	水土流失防治措施监测成果	4.1 工程措施监测结果	工程措施设计、实施情况介绍清晰完整，变化原因合理可信，监测方法可行，数据准确可靠	完全符合	5	
				基本符合	1～4	
				不符合	0	
		4.2 植物措施监测结果	植物措施设计、实施情况介绍清晰完整，变化原因合理可信，监测方法可行，数据准确可靠	完全符合	5	
				基本符合	1～4	
				不符合	0	
		4.3 临时措施监测结果	临时措施设计、实施情况介绍清晰完整，变化原因合理可信，监测方法可行，数据准确可靠	完全符合	5	
				基本符合	1～4	
				不符合	0	
		4.4 水土保持措施防治效果	各分区工程、植物、临时措施实施情况，防治效果采用量化指标说明	完全符合	5	
				基本符合	1～4	
				不符合	0	

续表

序号	评价内容		评价标准和评分细则			分数
5	土壤流失情况监测	5.1 水土流失面积	监测成果涵盖施工准备期、施工期、试运行期，水土流失面积变化情况介绍全面清晰	完全符合	4	
				基本符合	1～3	
				不符合	0	
		5.2 土壤流失量	土壤流失量监测成果可靠，结论可信	完全符合	4	
				基本符合	1～3	
				不符合	0	
		5.3 取（弃）土潜在土壤流失量	取（弃）土潜在土壤流失量监测成果可靠，防护措施有效，结论可信	完全符合	3	
				基本符合	1～2	
				不符合	0	
		5.4 水土流失危害	水土流失危害影响分析全面，防护措施有效，监测成果可靠	完全符合	4	
				基本符合	1～3	
				不符合	0	
6	水土流失防治效果监测	6.1 水土流失治理度	水土流失治理度按监测分区计算，计算方法合理，计算结果准确	完全符合	3	
				基本符合	1～2	
				不符合	0	
		6.2 土壤流失控制比	土壤流失控制比按照施工准备期、施工期、试运行期（植被恢复期）分别计算；计算方法合理，计算结果准确	完全符合	3	
				基本符合	1～2	
				不符合	0	
		6.3 渣土防护率	渣土防护率监测结果已包括临时堆渣的防护情况，与工程弃渣拦挡及利用情况一致性好；渣土防护率计算方法合理，计算结果准确	完全符合	3	
				基本符合	1～2	
				不符合	0	

续表

序号	评价内容		评价标准和评分细则			分数
6	水土流失防治效果监测	6.4 表土保护率	表土保护率监测结果与表土剥离、临时保护及回覆利用情况一致性好；表土保护率计算方法合理，计算结果准确	完全符合	3	
				基本符合	1～2	
				不符合	0	
		6.5 林草植被恢复率	林草植被恢复率按监测分区计算，计算方法合理，计算结果准确	完全符合	3	
				基本符合	1～2	
				不符合	0	
		6.6 林草覆盖率	林草覆盖率按监测分区计算，计算方法合理，计算结果准确	完全符合	3	
				基本符合	1～2	
				不符合	0	
7	结论		结论全面明确，建议合理可行	完全符合	5	
				基本符合	1～4	
				不符合	0	
8	附图及有关资料	8.1 附图	附图清晰，图件完备，标注准确，符合制图规范	完全符合	5	
				基本符合	1～4	
				不符合	0	
		8.2 附件	附件齐全，与工程一致性好	完全符合	5	
				基本符合	1～4	
				不符合	0	
9	其他		报告编制规范，内容完整，语言准确，文字精练，计量单位规范	完全符合	5	
				基本符合	1～4	
				不符合	0	
审评专家评价总分						

填表人：　　　　　　　　　　联系方式：

注　1. 由审评专家于水土保持监测总结报告审评过程中，对水土保持监测单位的工作质量进行评价。

2. 各项评价内容分值总计 100 分。

3. 如有多家水土保持监测单位，仅对主持编制的水土保持监测总结报告的单位进行评价。